기적의 수학 문장제

3권

초등 2학년

길벗스쿨

기적의 수학 문장제 **3** 권

초판 1쇄 발행 · 2018년 12월 15일
개정 4쇄 발행 · 2025년 8월 26일

지은이 · 김은영
발행인 · 이종원
발행처 · (주)길벗스쿨
출판사 등록일 · 2025년 5월 28일
주소 · 서울시 마포구 월드컵로 10길 56 (서교동)
대표 전화 · 02)332-0931 | **팩스** · 02)333-5409
홈페이지 · school.gilbut.co.kr | **이메일** · gilbut@gilbut.co.kr

기획 · 김미숙(winnerms@gilbut.co.kr) | **편집진행** · 이지훈
영업마케팅 · 문세연, 박선경, 구혜지, 박다슬 | **웹마케팅** · 박달님, 이재윤, 이지수, 나혜연
영업관리 · 김명자, 정경화 | **독자지원** · 윤정아
제작 · 이준호, 손일순, 이진혁

디자인 · ㈜더다츠 | **표지 일러스트** · 우나리 | **본문 일러스트** · 유재영, 김태형
전산편집 · 보문미디어 | **CTP출력 및 인쇄** · 교보피앤비 | **제본** · 경문제책

ISBN 979-11-6406-816-6 64410
(길벗스쿨 도서번호 11009)
정가 11,000원

고대 이집트인들은 나일 강변에서 농사를 지으며 살았습니다. 나일강 유역은 땅이 비옥하여 농사가 잘 되었거든요. 그러나 잦은 홍수로 나일강이 흘러넘치기 일쑤였고, 홍수 후 농경지의 경계가 없어져 버려 본래 자신의 땅이 어디였는지 구분하기 힘들었어요. 사람들은 저마다 자신의 땅이라고 우기면서 다투었습니다. 그때, 사람들은 생각했어요.

"내 땅의 크기를 정확히 알 수 있다면, 홍수 후에도 같은 크기의 땅에 농사를 지으면 되겠구나."

이때부터 사람들은 땅의 크기를 재고, 넓이를 계산하기 시작했답니다.

"아휴! 수학을 왜 배우는지 모르겠어요. 어렵고 지겨운 수학을 배워 어디에 써요?"

학년이 올라갈수록 많은 학생들이 이렇게 묻습니다.

만일 고대 이집트인들이 들었다면 이런 대답을 했을 거예요.

"이집트 문명의 발전은 수학이 만들어낸 것이다."

우리 생활에서 일어나는 이런저런 일들은 문제가 일어난 상황을 이해하고 판단하여 해결해야 하는 과정이에요. 이 과정에서 반드시 필요한 능력이 수학적으로 생각하는 힘이고요. 즉, 수 계산이 수학의 전부가 아니라 **수학적으로 생각하기**가 진짜 수학이라는 것이죠.

어떤 문제가 생겼을 때 그것을 해결하기 위해 필요한 것이 무엇인지 판단하고, 논리적으로 조합하여 써 내려가는 모든 과정이 수학이랍니다. 그래서 수학은 생활에 꼭 필요하고, 우리가 수학적으로 생각하는 능력을 갖추면 어떤 문제든지 잘 해결할 수 있게 되지요.

기적의 수학 문장제는 여러분이 주어진 문제를 이해하고 판단하여 해결하는 과정을 훈련하는 교재입니다. 이 책으로 차근차근 기초를 다지다 보면 수학과 전혀 관련 없어 보이는 생활 속 문제들도 수학적으로 생각하여 해결할 수 있다는 것을 알게 될 거예요. 그러면 수학이 재미없지도 지겹지도 않고 오히려 퍼즐처럼 재미있게 느껴진답니다.

모쪼록 여러분이 수학과 친해지는 데 기적의 수학 문장제가 마중물이 될 수 있기를 바랍니다.

김은영

수학 문장제 어떻게 공부할까?

지금은 수학 문장제가 필요한 시대

로봇, 인공지능과 같은 기술이 발전하면서 4차 산업혁명 시대가 열렸습니다. 이에 발맞추어 교육도 변화하고 있습니다. 새 교육과정을 살펴보면 성장·과정 중심, 스토리텔링 교육, 코딩 교육, 서술형 평가 확대 등 창의력과 문제해결력을 기르는 방향으로 바뀌고 있습니다. 이제는 지식을 많이 아는 것보다 아는 지식을 새롭게 창조하는 능력이 무엇보다 중요한 때입니다.

논리적으로 사고하여 문제를 해결하는 수학 과목의 특성상 문제를 다양하게 바라보고 해결 방법을 찾는 과정에서 창의력과 문제해결력을 계발할 수 있습니다. 특히 수학 문장제는 실생활과 관련된 수학적 상황을 인지하고, 해결하는 과정을 통해 문제해결력을 키우기에 아주 효과적입니다.

하지만 수학 문장제를 싫어하는 아이들

요즘 아이들은 문자보다 그림과 영상에 익숙합니다. 그러다 보니 읽을 것이 많은 수학 문장제에 겁을 내거나 조금 해보려고 애쓰다 포기해 버리는 경우가 많습니다. 아래는 수학 문장제를 공부할 때 흔히 겪는 여러 가지 어려움들을 나열한 것입니다.

문장제만 보면 읽지도 않고 무조건 별표! 혼자서는 풀 생각도 안 해요.

우리 아이는 풀이 쓰는 것을 싫어해요. 답만 쓰고 풀이 과정은 말로 설명하려고 해요.

문장제만 보면 저를 불러요. 문제가 무슨 말인지 모르겠대요. 문제를 읽어 주면 또 묻죠. "그래서 더해? 빼?" 아이가 문제를 푸는 건지, 제가 푸는 건지 모르겠어요.

우리 아이가 쓴 풀이는 알아볼 수가 없어요. 자기도 한참을 찾아야 해요.

우리 아이는 긴 문제는 읽지도 않으려고 해요.

계산하는 과정 쓰는 것을 싫어해서 암산으로 하다 자꾸 틀려요.

저희 아이도 식은 제가 세워 주고, 아이는 계산만 하려고 해요.

우리 애는 중간까지는 푸는데 끝까지 못 풀어요. 왜 마무리가 안 되는지 모르겠어요.

문제를 읽어도 뭘 구해야 하는지 몰라요.

연산기호 안 쓰는 건 기본이고 등호는 여기저기 막 써서 식이 오류투성이에요.

알긴 아는데 머릿속의 생각을 어떻게 써야 하는지 모르겠대요.

수학 문장제 학습의 가장 큰 고민은 갖가지 문제점들이 복합적으로 얽혀 있어 어디서부터 손을 대야 할지 막막하다는 것입니다. 하지만 대부분의 문제는 크게 두 가지로 나누어 볼 수 있습니다. 바로 '읽기(문제이해)'가 안 되고, '쓰기(문제해결, 풀이)'가 안 되는 것이죠. 국어도 아니고 수학에서 읽기와 쓰기 때문에 곤경에 처하다니 어찌 된 일일까요? 그것은 수학적 읽기와 쓰기는 국어와 다르기 때문에 생긴 문제입니다.

어려움 1
문제읽기와 문제이해   "왜 책도 많이 읽는데 수학 문장제를 이해하지 못할까?"

수학 독해는 따로 있습니다.

문제를 잘 읽는다고 해서 수학 문장제를 잘 이해할 수 있는 것은 아닙니다.

'빵이 9개씩 8봉지 있을 때 빵의 개수를 구하는 문제'를 읽고 나서 '몇 개씩 몇 묶음'이 곱셈을 뜻하는 수학적 표현이라는 것을 모르면 문제를 해결할 수 없습니다. 또, 문장을 곱셈식으로 바꾸지 못하면 풀이 과정을 쓸 수도 없습니다.

이처럼 수학 문장제는 문제를 읽고, 문제 속에 숨겨진 수학적 표현, 용어, 개념을 찾아 해석하는 능력이 필요합니다. 또 문장을 식으로 나타내거나 반대로 주어진 식을 문장으로 읽는 능력도 필요합니다. 다양한 수학 문장제를 풀어 보면서 **수학 독해력을 키워야** 합니다.

어려움 2
문제해결과 풀이쓰기   "답은 구했는데 왜 풀이를 못 쓸까?"

쓸 수 있어야 진짜 아는 것입니다.

아이들이 써 놓은 식이나 풀이 과정을 살펴보면 연산기호나 등호 없이 숫자만 나열하여 알아보기 힘들거나, 풀이 과정을 말하듯이 써서 군더더기가 섞여 있는 경우가 많습니다. 숫자를 헷갈리게 써서 틀리는 경우, 두서없이 풀이를 쓰다가 중간에 한 단계를 빠뜨리는 경우, 앞서 계산한 값을 잘못 찾아 쓰는 경우 등 알고도 틀리는 실수들이 자주 일어납니다. 이는 식과 풀이를 논리적으로 쓰는 연습을 하지 않았기 때문입니다.

풀이를 쓰는 것은 머릿속에 있던 문제해결 과정을 꺼내어 눈앞에 펼치는 것입니다. 간단한 문제는 머릿속에서 바로 처리할 수 있지만, 복잡한 문제는 절차에 따라 차근차근 풀어서 써야 합니다. 이때 풀이를 쓰는 연습이 되어 있지 않으면 어디서부터 어디까지, 어떻게 풀이 과정을 써야 하는지 막막할 수밖에 없습니다.

덧셈식과 뺄셈식을 정확하게 쓰는 것은 물론, 수학 용어를 사용하여 간단명료하게 설명하기, 문제해결 전략 세우기에 따라 과정 쓰기 등 **절차에 따라 풀이 과정을 논리적으로 쓰는 연습을 해야** 합니다.

핵심어독해법으로 문제읽기 능력 강화

수학 문장제, 어떻게 읽어야 할까요? 다음 수학 문장제를 눈으로 읽어 보세요.

> 한 상자에 9개씩 담겨 있는 김치만두 3상자와 한 상자에 6개씩 담겨 있는 왕만두 4상자를 샀습니다. 산 만두는 모두 몇 개일까요?

똑같은 문제를 줄을 나누어 썼습니다. 다시 한번 소리 내어 읽어 보세요.

> 한 상자에 9개씩 담겨 있는 김치만두 3상자와
> 한 상자에 6개씩 담겨 있는 왕만두 4상자를 샀습니다.
> 산 만두는 모두 몇 개일까요?

➡ 눈으로 읽는 것보다
줄을 나누어 소리 내어 읽는 것이
문제를 이해하기 쉽습니다.

똑같은 문제를 핵심어에 표시하며 다시 읽어 보세요.

> 한 상자에 ⑨개씩 담겨 있는 김치만두 ③상자와
> 한 상자에 ⑥개씩 담겨 있는 왕만두 ④상자를 샀습니다.
> 산 만두는 모두 몇 개일까요?

➡ 중요한 부분에 표시하며
읽는 것이
문제를 이해하기 쉽습니다.

위 문제의 핵심어만 정리해 보세요.

> 김치만두 : 9개씩 3상자, 왕만두 : 6개씩 4상자
> 만두는 모두 몇 개?

➡ 복잡한 정보들을 정리하면
문제가 한눈에 보입니다.

위와 같이 정보와 조건이 있는 수학 문제를 읽을 때에는
문장의 핵심어에 표시하고, 조건을 간단히 정리하면서 읽는 것이 좋습니다.

핵심어독해법

❶ 핵심어에 표시하며 문제를 읽습니다.
핵심어란? 구하는 것, 주어진 것이에요.

❷ 수학 독해를 합니다.
□ 핵심어(조건)를 간단히 정리하기
□ 핵심어(수학 용어)의 뜻, 특징 등 써 보기
□ 핵심어와 관련된 개념 떠올리기

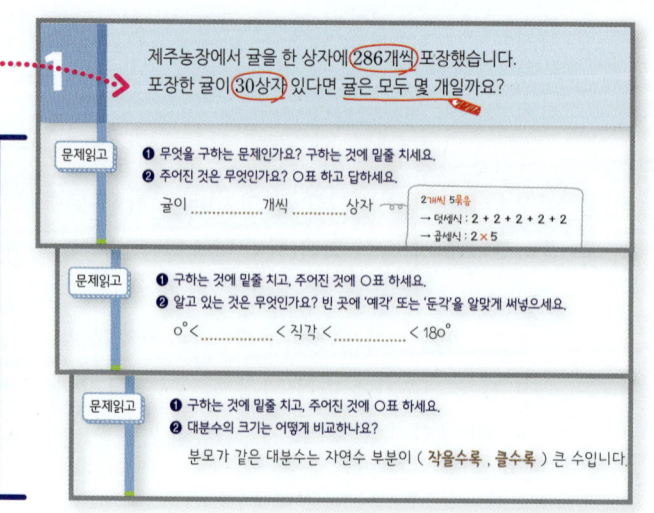

절차학습법으로 문제해결 능력 강화

수학 문장제, 어떤 절차에 따라 풀어야 할까요? 수학 문장제를 푸는 방법은 길을 찾는 과정과 같습니다.

길을 찾는 과정

1 우선 어디로 가려고 하는지 **목적지**를 알아야 합니다.
제주도로 가야 하는데 서울을 향해 출발하면 안 되겠죠?

2 출발하기 전 준비물, 주의사항 등을 살펴보며 **출발 준비**를 합니다.
동생과 함께 가야 하는데 혼자 출발하거나, 제주도까지 배를 타고
가야 하는데 비행기 표를 사면 안 되니까요.

3 목적지까지 가는 길(순서, 노선)을 확인하고, **목적지까지 갑니다.**
혹시라도 중간에 길을 잃어버리거나 길이 막혀 있다고 해서 멈추
면 안 돼요.

4 마지막으로 목적지에 맞게 왔는지 다시 한번 **확인**합니다.

수학 문장제 해결 과정

 1단계 문제에서 **구하는 것**이
무엇인지 알아봅니다.

 2단계 문제에서 **주어진 것(조건)**이
무엇인지 알아봅니다.

 3단계 문제해결 **방법을 생각**한 다음
순서에 따라 **문제를 풉니다.**

 4단계 답이 맞는지 **검토**합니다.

위와 같이 4단계 문제해결 과정에 따라 수학 문장제를 푸는 훈련을 하면
문제해결력과 풀이쓰는 방법을 효과적으로 익힐 수 있습니다.

절차학습법

▶4단계 문제해결 과정

❶ **구하는 것**을 아는 단계
❷ **주어진 것**을 아는 단계

❸ 문제를 **해결**하는 단계
절차에 따라 문제를 해결하면서
식을 정확하게 쓰는 훈련을 합니다.

❹ 답을 **검토**하는 단계

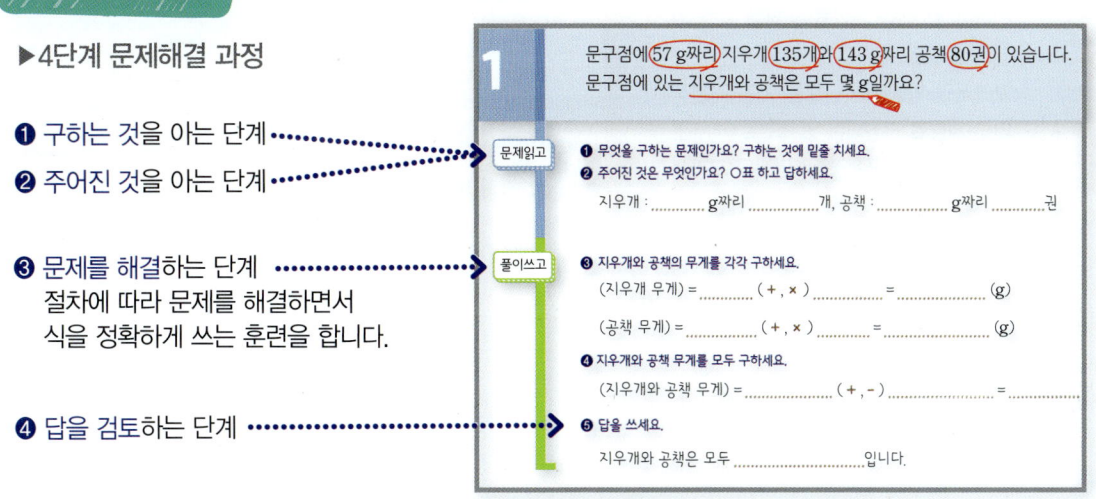

이 책의 활용

학습관리

학습계획을 세우고,
자기평가를 기록해요.

한 단원 학습에 들어가기 전 공부할 내용을 미리 확인하면서 공부계획을 세워 보세요.

매일 1일 학습, 일주일 3일 학습 등 나의 상황에 맞게, 공부할 양을 스스로 정하고 날짜를 기록합니다.

계획대로 잘 공부했는지 스스로 평가하는 것도 잊지 마세요.

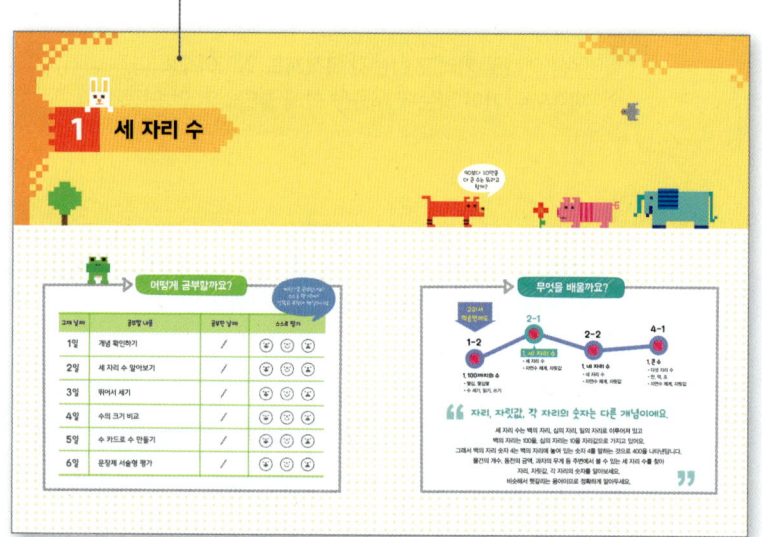

준비학습

기본 개념을 알고
있는지 확인해요.

이 단원의 문장제를 풀기 위해 꼭 알고 있어야 할 핵심 개념을 문제를 통해 확인해 보세요.

교과서와 익힘책에 나오는 가장 기본적인 문제들로 구성되어 있으므로 이 부분이 부족한 학생들은 해당 단원의 교과서와 익힘책을 더 공부하고 본 학습을 시작하는 것이 좋습니다.

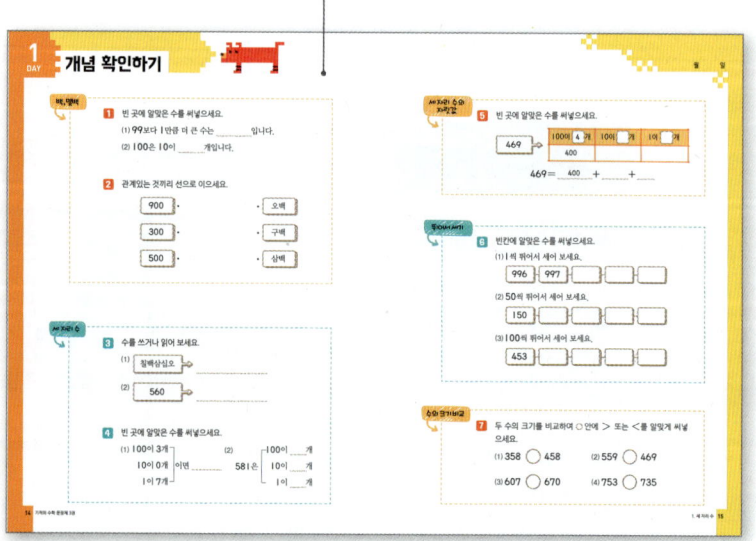

유형훈련

대표 유형을 집중 훈련해요.

같이 풀어요.

문제마다 핵심어에 밑줄을 긋고, 동그라미를 하면서 핵심어독해법을 자연스럽게 익혀 보세요.

또, 풀이에 제시된 순서대로 답을 하면서 절차학습법을 훈련해요.

혼자 풀어요.

앞에서 배운 동일 유형, 동일 난이도의 문제를 스스로 풀어 보세요. 주어진 과정에 따라 풀이를 쓰면서 문제 풀이 뿐 아니라 서술형 답안 작성에 대한 훈련도 동시에 해요.

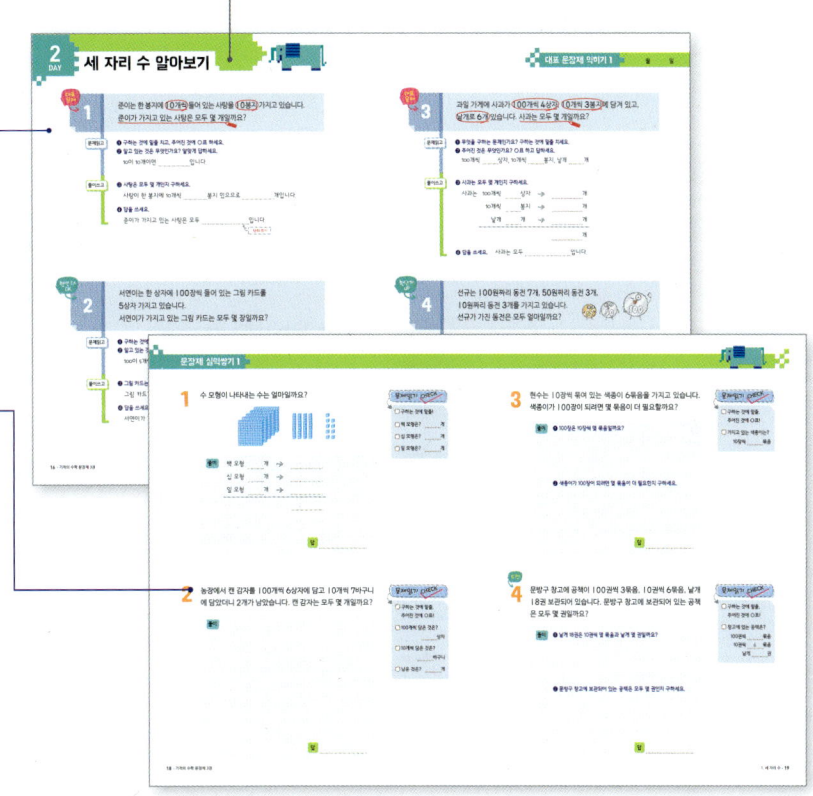

평가

잘 공부했는지 확인해요.

이 단원을 잘 공부했는지 성취도를 평가하며 마무리하는 단계예요.

학교에서 시험을 보는 것처럼 풀이 과정을 정확하게 쓰는 연습을 하면 좋습니다. 정답과 풀이에 있는 [채점 기준]과 비교하여 빠진 부분은 없는지 꼼꼼히 확인해 보세요.

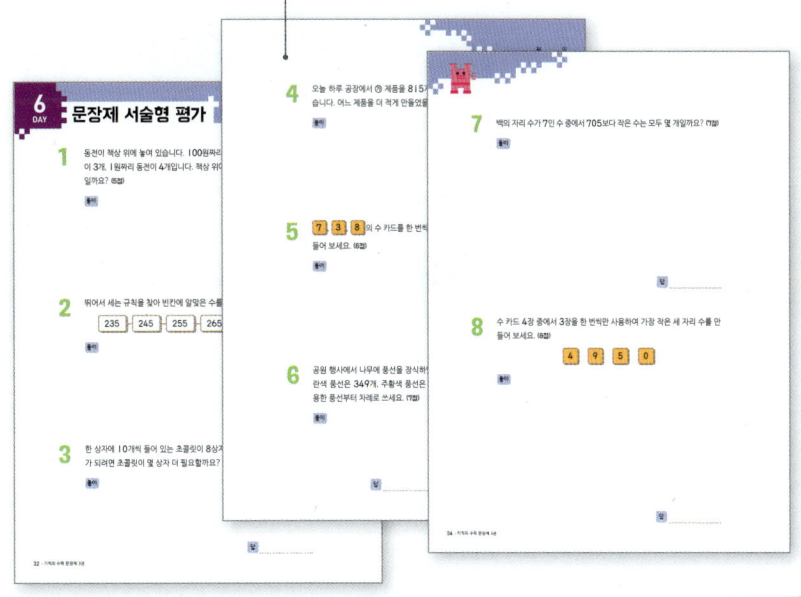

차례

1 세 자리 수

어떻게 공부할까요?

계획대로 공부했나요?
스스로 평가하여
알맞은 표정에 색칠하세요.

교재 날짜	공부할 내용	공부한 날짜	스스로 평가		
1일	개념 확인하기	/	😄	🙂	😦
2일	세 자리 수 알아보기	/	😄	🙂	😦
3일	뛰어서 세기	/	😄	🙂	😦
4일	수의 크기 비교	/	😄	🙂	😦
5일	수 카드로 수 만들기	/	😄	🙂	😦
6일	문장제 서술형 평가	/	😄	🙂	😦

90보다 10만큼 더 큰 수는 뭐라고 할까?

무엇을 배울까요?

교과서 학습연계도

1-2

2-1

2-2

4-1

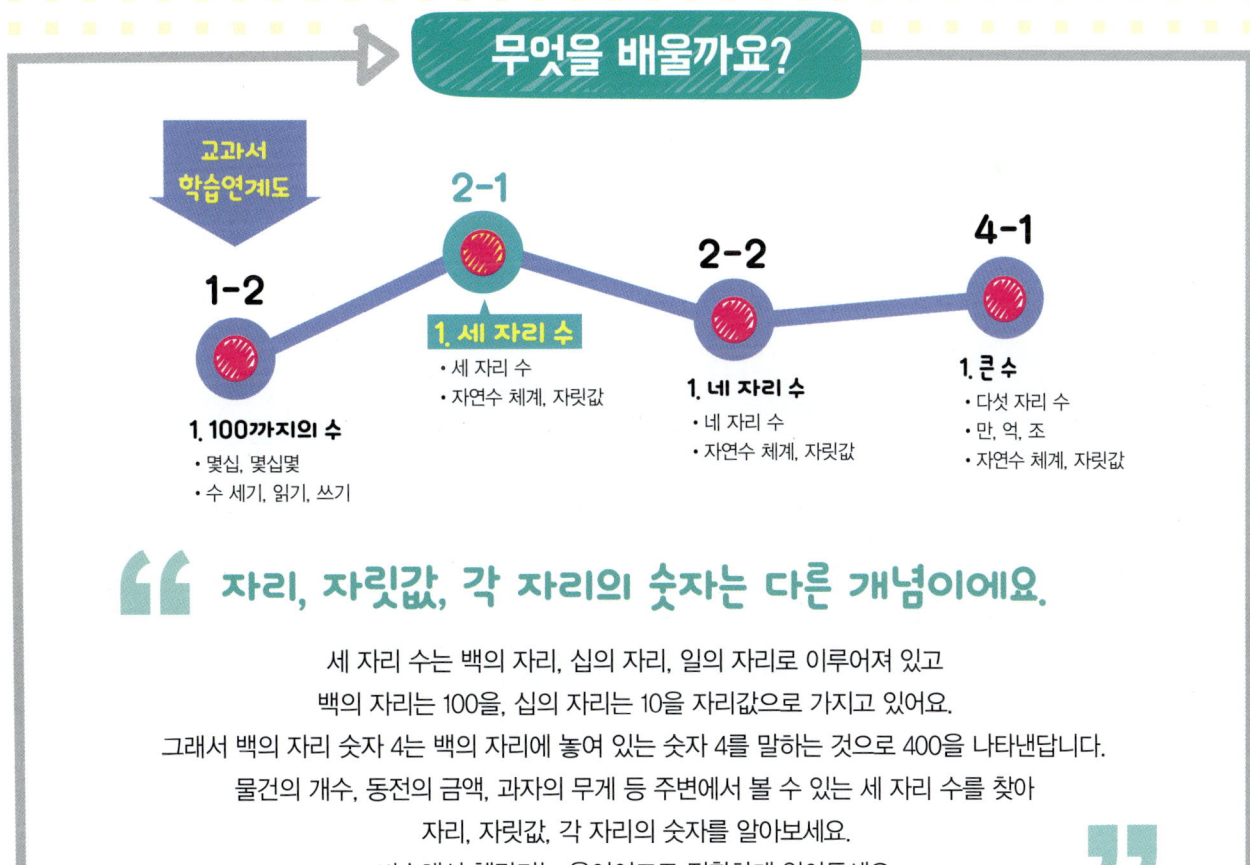

1. 100까지의 수
• 몇십, 몇십몇
• 수 세기, 읽기, 쓰기

1. 세 자리 수
• 세 자리 수
• 자연수 체계, 자릿값

1. 네 자리 수
• 네 자리 수
• 자연수 체계, 자릿값

1. 큰 수
• 다섯 자리 수
• 만, 억, 조
• 자연수 체계, 자릿값

> **자리, 자릿값, 각 자리의 숫자는 다른 개념이에요.**
>
> 세 자리 수는 백의 자리, 십의 자리, 일의 자리로 이루어져 있고
> 백의 자리는 100을, 십의 자리는 10을 자리값으로 가지고 있어요.
> 그래서 백의 자리 숫자 4는 백의 자리에 놓여 있는 숫자 4를 말하는 것으로 400을 나타낸답니다.
> 물건의 개수, 동전의 금액, 과자의 무게 등 주변에서 볼 수 있는 세 자리 수를 찾아
> 자리, 자릿값, 각 자리의 숫자를 알아보세요.
> 비슷해서 헷갈리는 용어이므로 정확하게 알아두세요.

개념 확인하기

백, 몇백

1 빈 곳에 알맞은 수를 써넣으세요.

(1) 99보다 1만큼 더 큰 수는 _____ 입니다.

(2) 100은 10이 _____ 개입니다.

2 관계있는 것끼리 선으로 이으세요.

900 ·	· 오백
300 ·	· 구백
500 ·	· 삼백

세 자리 수

3 수를 쓰거나 읽어 보세요.

(1) 칠백삼십오 ➡ _____

(2) 560 ➡ _____

4 빈 곳에 알맞은 수를 써넣으세요.

(1) ┌100이 3개┐
　　 10이 0개 │이면 _____
　　└ 1이 7개┘

(2) 　　　　┌100이 _____개
　 581은 │ 10이 _____개
　　　　└ 1이 _____개

세 자리 수의 자릿값

5 빈 곳에 알맞은 수를 써넣으세요.

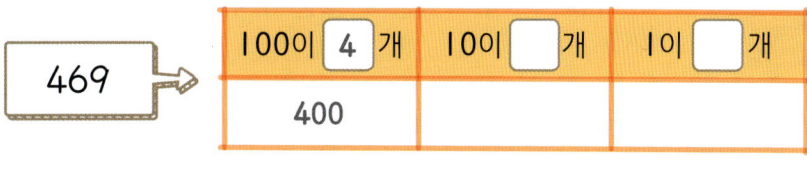

469	100이 4 개	10이 ☐ 개	1이 ☐ 개
	400		

$$469 = \underline{\quad 400 \quad} + \underline{\qquad} + \underline{\qquad}$$

뛰어서 세기

6 빈칸에 알맞은 수를 써넣으세요.

(1) 1씩 뛰어서 세어 보세요.

| 996 | 997 | ☐ | ☐ | ☐ |

(2) 50씩 뛰어서 세어 보세요.

| 150 | ☐ | ☐ | ☐ | ☐ |

(3) 100씩 뛰어서 세어 보세요.

| 453 | ☐ | ☐ | ☐ | ☐ |

수의 크기 비교

7 두 수의 크기를 비교하여 ○ 안에 > 또는 <를 알맞게 써넣으세요.

(1) 358 ◯ 458   (2) 559 ◯ 469

(3) 607 ◯ 670   (4) 753 ◯ 735

세 자리 수 알아보기

1

준이는 한 봉지에 ⑩개씩 들어 있는 사탕을 ⑩봉지 가지고 있습니다.
준이가 가지고 있는 <u>사탕은 모두 몇 개</u>일까요?

문제읽고

❶ 구하는 것에 밑줄 치고, 주어진 것에 ○표 하세요.
❷ 알고 있는 것은 무엇인가요? 알맞게 답하세요.

10이 10개이면 .... 입니다.

풀이쓰고

❸ 사탕은 모두 몇 개인지 구하세요.

사탕이 한 봉지에 10개씩 .... 봉지 있으므로 .... 개입니다.

❹ 답을 쓰세요.

준이가 가지고 있는 사탕은 모두 .... 입니다.

단위 쓰기

2

서연이는 한 상자에 100장씩 들어 있는 그림 카드를
5상자 가지고 있습니다.
서연이가 가지고 있는 그림 카드는 모두 몇 장일까요?

문제읽고

❶ 구하는 것에 밑줄 치고, 주어진 것에 ○표 하세요.
❷ 알고 있는 것은 무엇인가요? 알맞게 답하세요.

100이 5개이면 .... 입니다.

풀이쓰고

❸ 그림 카드는 모두 몇 장인지 구하세요.

그림 카드가 한 상자에 100장씩 .... 상자 있으므로 .... 장입니다.

❹ 답을 쓰세요.

서연이가 가지고 있는 그림 카드는 모두 .... 입니다.

대표문제

3

과일 가게에 사과가 ⃝100개씩 4상자⃝, ⃝10개씩 3봉지⃝에 담겨 있고,
⃝낱개로 6개⃝ 있습니다. 사과는 모두 몇 개일까요?

문제읽고

❶ 무엇을 구하는 문제인가요? 구하는 것에 밑줄 치세요.
❷ 주어진 것은 무엇인가요? ○표 하고 답하세요.

100개씩 .... 상자, 10개씩 .... 봉지, 낱개 .... 개

풀이쓰고

❸ 사과는 모두 몇 개인지 구하세요.

사과는 100개씩 .... 상자 → .... 개

10개씩 .... 봉지 → .... 개

낱개 .... 개 → .... 개

.... 개

❹ 답을 쓰세요. 사과는 모두 .... 입니다.

한단계 UP

4

선규는 100원짜리 동전 7개, 50원짜리 동전 3개,
10원짜리 동전 3개를 가지고 있습니다.
선규가 가진 동전은 모두 얼마일까요?

문제읽고

❶ 무엇을 구하는 문제인가요? 구하는 것에 밑줄 치세요.
❷ 주어진 것은 무엇인가요? ○표 하고 답하세요.

100원짜리 .... 개, 50원짜리 .... 개, 10원짜리 .... 개

풀이쓰고

❸ 동전은 모두 얼마인지 구하세요.

동전은 100원짜리 .... 개 → .... 원

50원짜리 .... 개 → .... 원

10원짜리 .... 개 → .... 원

.... 원

❹ 답을 쓰세요. 선규가 가진 동전은 모두 .... 입니다.

1 수 모형이 나타내는 수는 얼마일까요?

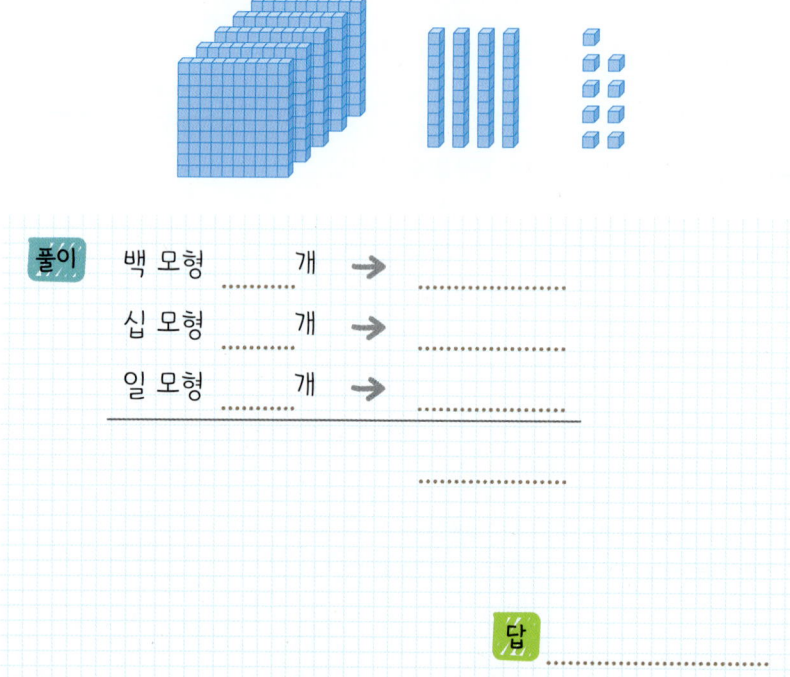

풀이　백 모형　·········· 개　→　·····················

　　　　십 모형　·········· 개　→　·····················

　　　　일 모형　·········· 개　→　·····················
　　　　─────────────────────
　　　　　　　　　　　　　·····················

답 ·····························

---

2 농장에서 캔 감자를 100개씩 6상자에 담고 10개씩 7바구니에 담았더니 2개가 남았습니다. 캔 감자는 모두 몇 개일까요?

풀이

답 ·····························

3 현수는 10장씩 묶여 있는 색종이 6묶음을 가지고 있습니다. 색종이가 100장이 되려면 몇 묶음이 더 필요할까요?

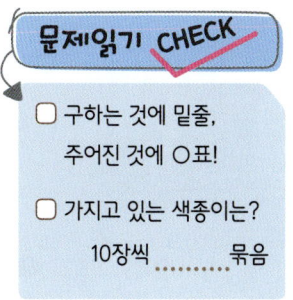

문제읽기 CHECK ✓

☐ 구하는 것에 밑줄, 주어진 것에 ○표!

☐ 가지고 있는 색종이는?
　　10장씩 .... 묶음

풀이 ❶ 100장은 10장씩 몇 묶음일까요?

❷ 색종이가 100장이 되려면 몇 묶음이 더 필요한지 구하세요.

답 ....

4 문방구 창고에 공책이 100권씩 3묶음, 10권씩 6묶음, 낱개 18권 보관되어 있습니다. 문방구 창고에 보관되어 있는 공책은 모두 몇 권일까요?

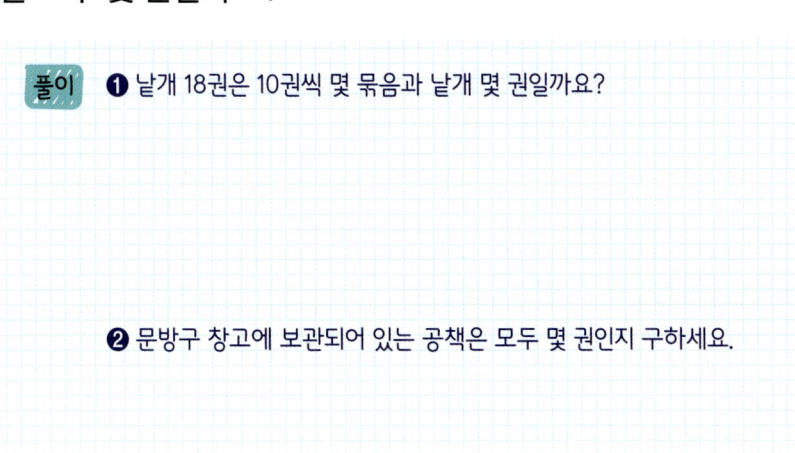

문제읽기 CHECK ✓

☐ 구하는 것에 밑줄, 주어진 것에 ○표!

☐ 창고에 있는 공책은?
　　100권씩 .... 묶음
　　10권씩 　6　 묶음
　　낱개 .... 권

풀이 ❶ 낱개 18권은 10권씩 몇 묶음과 낱개 몇 권일까요?

❷ 문방구 창고에 보관되어 있는 공책은 모두 몇 권인지 구하세요.

답 ....

뛰어서 세기

대표 문제 1

435부터 100씩 3번 뛰어서 센 수는 얼마일까요?

문제읽고

❶ 무엇을 구하는 문제인가요? 구하는 것에 밑줄 치세요.

❷ 알고 있는 것은 무엇인가요? 알맞게 답하세요.

100씩 뛰어서 세면 (**백** , **십** , **일**)의 자리 수가 .... 씩 커집니다.

알맞은 말에 ○표 하세요.

풀이쓰고

❸ 435부터 100씩 3번 뛰어서 세어 보세요.

435 →1번→ ☐ →2번→ ☐ →3번→ ☐

❹ 답을 쓰세요.

435부터 100씩 3번 뛰어서 센 수는 .... 입니다.

한번 더 OK 2

육백이십사부터 10씩 6번 뛰어서 센 수는 얼마일까요?

문제읽고

❶ 무엇을 구하는 문제인가요? 구하는 것에 밑줄 치세요.

❷ 알고 있는 것은 무엇인가요? 알맞게 답하세요.

10씩 뛰어서 세면 (**백** , **십** , **일**)의 자리 수가 .... 씩 커집니다.

풀이쓰고

❸ 육백이십사를 숫자로 나타내세요. ....

❹ 육백이십사부터 10씩 6번 뛰어서 세어 보세요.

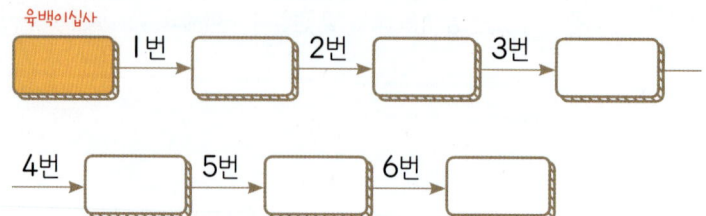

육백이십사 →1번→ ☐ →2번→ ☐ →3번→ ☐

→4번→ ☐ →5번→ ☐ →6번→ ☐

❺ 답을 쓰세요.

육백이십사부터 10씩 6번 뛰어서 센 수는 .... 입니다.

3

규칙에 따라 뛰어서 셀 때 ㉠에 알맞은 수를 구하세요.

| 563 | 564 | 565 | | | ㉠ |

문제읽고

❶ 무엇을 구하는 문제인가요? 구하는 것에 밑줄 치세요.

풀이쓰고

❷ 변하는 자리의 숫자에 색칠하고, 몇씩 뛰어서 세는 규칙인지 찾아보세요.

563 – 564 – 565 → (100 , 10 , 1)씩 뛰어서 세는 규칙입니다.

❸ 규칙에 따라 뛰어서 세어 보세요.

| 563 | 564 | 565 | | | |
㉠

❹ 답을 쓰세요.

㉠에 알맞은 수는 .... 입니다.

4

규칙에 따라 뛰어서 셀 때 ㉠과 ㉡에 알맞은 수는 각각 얼마일까요?

| 484 | 584 | ㉠ | 784 | 884 | ㉡ |

문제읽고

❶ 무엇을 구하는 문제인가요? 구하는 것에 밑줄 치세요.

풀이쓰고

❷ 변하는 자리의 숫자에 색칠하고, 몇씩 뛰어서 세는 규칙인지 찾아보세요.

484 – 584, 784 – 884 → (100 , 10 , 1)씩 뛰어서 세는 규칙입니다.

❸ 규칙에 따라 뛰어서 세어 보세요.

| 484 | 584 | | 784 | 884 | |
㉠ ㉡

❹ 답을 쓰세요.

㉠에 알맞은 수는 .... 이고,

㉡에 알맞은 수는 .... 입니다.

1 327부터 10씩 5번 뛰어서 센 수는 얼마일까요?

풀이 327부터 10씩 5번 뛰어서 세면

327 — .... — .... — ....

— .... — ....

답 ....

2 100이 5개, 10이 2개, 1이 8개인 수부터 100씩 4번 뛰어서 센 수는 얼마일까요?

풀이 ❶ 100이 5개, 10이 2개, 1이 8개인 수는 얼마일까요?

❷ ❶에서 구한 수부터 100씩 4번 뛰어서 센 수는 얼마인지 구하세요.

답 ....

3  와 같은 규칙으로 뛰어서 세어 보세요.

문제읽기 CHECK

☐ 구하는 것에 밑줄!
☐ 보기 에서 변하는 자리는?
(백 , 십 , 일)의 자리

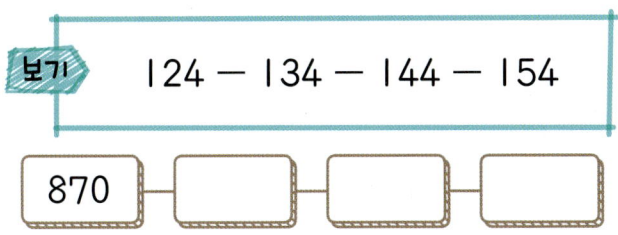

보기 124 — 134 — 144 — 154

| 870 | | | |

풀이 ❶ 보기 의 뛰어서 세는 규칙을 찾아 쓰세요.

❷ 보기 와 같은 규칙으로 870부터 뛰어서 세어 위의 빈칸에 알맞은 수를 써넣으세요.

도전!

4 규칙에 따라 뛰어서 셀 때 ㉠에 알맞은 수는 얼마일까요?

문제읽기 CHECK

☐ 구하는 것에 밑줄!
☐ 변하는 자리는?
(백 , 십 , 일)의 자리

| 720 | 719 | 718 | | | ㉠ |

풀이 ❶ 뛰어서 세는 규칙을 찾아 쓰세요.

❷ ㉠에 알맞은 수를 구하세요.

답 ......

수의 크기 비교

1 구슬을 민우네 모둠은 400개, 지원이네 모둠은 387개 가지고 있습니다.
구슬을 어느 모둠이 더 많이 가지고 있을까요?

문제읽고

❶ 구하는 것에 밑줄 치고, 주어진 것에 ○표 하세요.

❷ 백의 자리 수가 다른 두 수의 크기 비교는 어떻게 해야 하나요?

백의 자리 수가 다르면 (**백** , 십 , 일)의 자리 수를 비교합니다.

풀이쓰고

❸ 구슬 수의 크기를 비교하여 >, <로 나타내고, 알맞은 말에 ○표 하세요.

400 ◯ 387이므로

(**민우네** , 지원이네) 모둠의 구슬 수가 더 큽니다.

❹ 답을 쓰세요.

구슬을 .... 모둠이 더 많이 가지고 있습니다.

2 사진이 여행 폴더에는 571장, 일상 폴더에는 549장
저장되어 있습니다.
사진이 더 적게 저장되어 있는 것은 어느 폴더일까요?

문제읽고

❶ 구하는 것에 밑줄 치고, 주어진 것에 ○표 하세요.

❷ 백의 자리 수가 같은 두 수의 크기 비교는 어떻게 해야 하나요?

백의 자리 수가 같으면 (백 , **십** , 일)의 자리 수를 비교합니다.

풀이쓰고

❸ 사진 수의 크기를 비교하여 >, <로 나타내고, 알맞은 말에 ○표 하세요.

571 ◯ 549이므로

(여행 , **일상**) 폴더에 있는 사진 수가 더 작습니다.

❹ 답을 쓰세요.

사진이 더 적게 저장되어 있는 것은 .... 폴더입니다.

3

과수원에서 배, 자두, 감을 땄습니다.
배는 362개, 자두는 295개, 감은 317개 땄습니다.
가장 적게 딴 과일은 무엇일까요?

문제읽고

❶ 무엇을 구하는 문제인가요? 구하는 것에 밑줄 치세요.

❷ 주어진 것은 무엇인가요? ○표 하고 답하세요.

배 .... 개, 자두 .... 개, 감 .... 개

풀이쓰고

❸ 배, 자두, 감의 수를 비교하여 작은 수부터 차례로 쓰세요.

362, 295, 317을 작은 수부터 차례로 쓰면

.... < .... < .... 입니다.

→ (배 , **자두** , 감)의 수가 가장 작습니다.

❹ 답을 쓰세요.

가장 적게 딴 과일은 .... 입니다.

한번 더 OK

4

은행에서 승수는 250번, 윤지는 199번, 연우는 255번이
적혀 있는 번호표를 들고 있습니다.
번호표를 가장 늦게 뽑은 사람은 누구일까요?

문제읽고

❶ 구하는 것에 밑줄 치고, 주어진 것에 ○표 하세요.

❷ 번호표를 가장 늦게 뽑은 사람이 누구인지 알려면 어떻게 해야 하나요?

세 수의 크기를 비교하여 가장 (**큰** , 작은) 수를 찾습니다.

풀이쓰고

❸ 번호표의 세 수의 크기를 비교하여 큰 수부터 차례로 쓰세요.

250, 199, 255를 큰 수부터 차례로 쓰면

.... > .... > .... 입니다.

→ (승수 , 윤지 , **연우**)의 번호표의 수가 가장 큽니다.

❹ 답을 쓰세요.

번호표를 가장 늦게 뽑은 사람은 .... 입니다.

1 그림 카드를 원재는 654장 모았고, 진혜는 735장 모았습니다. 누가 그림 카드를 더 적게 모았을까요?

문제읽기 CHECK

☐ 구하는 것에 밑줄,
주어진 것에 ○표!

☐ 모은 그림 카드는?
원재 .... 장
진혜 .... 장

풀이   654 ◯ 735이므로

.......................가 그림 카드를 더 적게 모았습니다.

답 ....

2 도서관에 동화책이 382권, 자연 과학책이 358권 있습니다. 동화책과 자연 과학책 중에서 어느 것이 더 많을까요?

문제읽기 CHECK

☐ 구하는 것에 밑줄,
주어진 것에 ○표!

☐ 동화책은? .... 권

☐ 자연 과학책은?
.... 권

풀이

답 ....

3 줄넘기를 가영이는 480번, 현민이는 509번, 해나는 476번 넘었습니다. 줄넘기를 가장 많이 넘은 사람은 누구일까요?

문제읽기 CHECK ✓

☐ 구하는 것에 밑줄,
주어진 것에 ○표!

☐ 줄넘기 기록은?
가영 .... 번
현민 .... 번
해나 .... 번

풀이

답 ....

도전!

4 'cm'는 길이의 단위로 '센티미터'라고 읽습니다.

태주는 친구들과 바이킹을 타려고 했더니 키가 120 cm보다 커야 탈 수 있다고 합니다. 키가 태주는 117 cm, 선경이는 125 cm, 용선이는 130 cm입니다. 세 사람 중에서 바이 킹을 탈 수 없는 사람은 누구일까요?

문제읽기 CHECK ✓

☐ 구하는 것에 밑줄,
주어진 것에 ○표!

☐ 바이킹을 타려면?
.... cm보다 커야
한다.

☐ 키는?
태주 .... cm
선경 .... cm
용선 .... cm

풀이 ❶ 세 사람의 키를 120 cm와 각각 비교하세요.

❷ 세 사람 중에서 바이킹을 탈 수 없는 사람은 누구인지 구하세요.

답 ....

5 DAY 수 카드로 수 만들기

1

오른쪽 수 카드를 한 번씩만 사용하여
가장 큰 세 자리 수를 만들어 보세요.

문제읽고

❶ 구하는 것에 밑줄 치고, 주어진 것에 ○표 하세요.

❷ 가장 큰 세 자리 수를 만들려면 어떻게 해야 하나요?

　　백의 자리 수가 클수록 큰 수입니다.

　　➡ 높은 자리에 (**큰** , 작은) 수부터 차례로 놓습니다.

풀이쓰고

❸ 가장 큰 세 자리 수를 만드세요.

　　수 카드를 큰 수부터 쓰면 ＿＿＿ > ＿＿＿ > ＿＿＿ 이므로

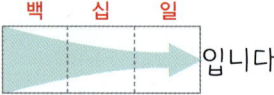

　　큰 수부터 차례로 놓으면 [　　　　　] 입니다.

❹ 답을 쓰세요.

　　가장 큰 세 자리 수는 ＿＿＿＿＿＿ 입니다.

한번 더 OK

2

오른쪽 수 카드를 한 번씩만 사용하여
가장 작은 세 자리 수를 만들어 보세요.

문제읽고

❶ 구하는 것에 밑줄 치고, 주어진 것에 ○표 하세요.

❷ 가장 작은 세 자리 수를 만들려면 어떻게 해야 하나요?

　　백의 자리 수가 작을수록 작은 수입니다.

　　➡ 높은 자리에 (큰 , **작은**) 수부터 차례로 놓습니다.

풀이쓰고

❸ 가장 작은 세 자리 수를 만드세요.

　　수 카드를 작은 수부터 쓰면 ＿＿＿ < ＿＿＿ < ＿＿＿ 이므로

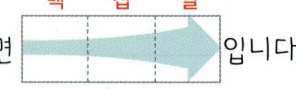

　　작은 수부터 차례로 놓으면 [　　　　　] 입니다.

❹ 답을 쓰세요.

　　가장 작은 세 자리 수는 ＿＿＿＿＿＿ 입니다.

대표 문제

3

수 카드 **4**장 중에서 **3**장을 한 번씩만 사용하여
가장 작은 세 자리 수를 만들어 보세요.

| 0 | 6 | 1 | 7 |

문제읽고

❶ 구하는 것에 밑줄 치고, 주어진 것에 ○표 하세요.

❷ 수 카드에 ⬜0⬜ 이 있을 때 가장 작은 수를 만들려면 어떻게 해야 하나요?

세 자리 수에서 0은 백의 자리에 올 수 없습니다.

➔ 백의 자리에 (**가장** , **두 번째로**) 작은 수를 놓습니다.

풀이쓰고

❸ 수 카드의 네 수의 크기를 비교하여 작은 수부터 차례로 쓰세요.

.... < .... < .... < ....

❹ 가장 작은 세 자리 수를 만드세요.

백의 자리에 두 번째로 작은 수인 ....을 놓고,

작은 수부터 차례로 놓으면 ....입니다.

❺ 답을 쓰세요.

가장 작은 세 자리 수는 .... 입니다.

기적 특강

수 카드에 ⬜0⬜ 이 있는 경우에 가장 작은 세 자리 수는?

두 번째로 작은 수를 백의 자리에 놓아서 가장 작은 세 자리 수를 만듭니다.

예 수 카드 ⬜0⬜, ⬜5⬜, ⬜9⬜로 가장 작은 세 자리 수를 만들기

세 자리 수가 아닙니다.

| 0 | 5 | 9 |

두 자리 수

| 5 | 0 | 9 |

1

수 카드를 한 번씩만 사용하여 가장 큰 세 자리 수를 만들어 보세요.

8	5	6

풀이 수 카드를 큰 수부터 쓰면 ______ > ______ > ______ 이므로

큰 수부터 차례로 놓으면 ______ 입니다.

답 ______

문제읽기 CHECK

- ☐ 구하는 것에 밑줄, 주어진 것에 ○표!
- ☐ 수 카드의 수는? ______

2

수 카드를 한 번씩만 사용하여 가장 작은 세 자리 수를 만들어 보세요.

9	6	4

풀이 ❶ 수 카드의 세 수의 크기를 비교하여 작은 수부터 차례로 쓰세요.

❷ 가장 작은 세 자리 수를 만드세요.

답 ______

문제읽기 CHECK

- ☐ 구하는 것에 밑줄, 주어진 것에 ○표!
- ☐ 수 카드의 수는? ______

3 수 카드 4장 중에서 3장을 한 번씩만 사용하여 가장 작은 세 자리 수를 만들어 보세요.

| 0 | 8 | 3 | 2 |

문제읽기 CHECK

☐ 구하는 것에 밑줄, 주어진 것에 ○표!

☐ 수 카드의 수는?

⋯⋯⋯⋯⋯⋯⋯⋯

풀이 ❶ 수 카드의 네 수의 크기를 비교하여 작은 수부터 차례로 쓰세요.

❷ 백의 자리에 놓을 수 없는 수는 무엇일까요?

❸ 가장 작은 세 자리 수를 만드세요.

답 ⋯⋯⋯⋯⋯⋯⋯⋯⋯⋯⋯⋯

4 재은이는 수 카드 4장 중에서 3장을 한 번씩만 사용하여 십의 자리 숫자가 1인 세 자리 수를 만들려고 합니다. 만들 수 있는 수 중에서 가장 큰 수를 구하세요.

| 5 | 0 | 7 | 1 |

문제읽기 CHECK

☐ 구하는 것에 밑줄, 주어진 것에 ○표!

☐ 수 카드의 수는?

⋯⋯⋯⋯⋯⋯

☐ 십의 자리에 놓는 수는?

⋯⋯⋯⋯

풀이 ❶ 수 카드의 네 수의 크기를 비교하여 큰 수부터 차례로 쓰세요.

❷ 십의 자리 숫자가 1인 가장 큰 세 자리 수를 구하세요.

답 ⋯⋯⋯⋯⋯⋯⋯⋯⋯⋯⋯⋯

문장제 서술형 평가

1 동전이 책상 위에 놓여 있습니다. 100원짜리 동전이 9개, 10원짜리 동전이 3개, 1원짜리 동전이 4개입니다. 책상 위에 놓여 있는 동전은 모두 얼마일까요? **(5점)**

풀이

답 ....

2 뛰어서 세는 규칙을 찾아 빈칸에 알맞은 수를 구하세요. **(5점)**

| 235 | 245 | 255 | 265 | | 285 |

풀이

답 ....

3 한 상자에 10개씩 들어 있는 초콜릿이 8상자 있습니다. 초콜릿이 100개가 되려면 초콜릿이 몇 상자 더 필요할까요? **(5점)**

풀이

답 ....

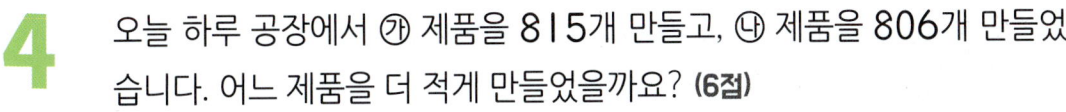
4 오늘 하루 공장에서 ㉮ 제품을 815개 만들고, ㉯ 제품을 806개 만들었습니다. 어느 제품을 더 적게 만들었을까요? **(6점)**

풀이

답 ....

5 7 , 3 , 8 의 수 카드를 한 번씩만 사용하여 가장 큰 세 자리 수를 만들어 보세요. **(6점)**

풀이

답 ....

6 공원 행사에서 나무에 풍선을 장식하였습니다. 노란색 풍선은 384개, 파란색 풍선은 349개, 주황색 풍선은 423개를 사용하였습니다. 많이 사용한 풍선부터 차례로 쓰세요. **(7점)**

풀이

답 ....

7 백의 자리 수가 **7**인 수 중에서 **705**보다 작은 수는 모두 몇 개일까요? **(7점)**

답  ....

8 수 카드 **4**장 중에서 **3**장을 한 번씩만 사용하여 가장 작은 세 자리 수를 만들어 보세요. **(8점)**

풀이

답 ....

선물을 찾아서

길을 찾아 선을 그어 주세요.

오늘은 행복한 크리스마스!
올해 크리스마스 선물은 무엇일까요?
선을 그어 크리스마스 트리 아래에 놓인 선물을 찾아 주세요.

2 여러 가지 도형

어떻게 공부할까요?

계획대로 공부했나요?
스스로 평가하여
알맞은 표정에 색칠하세요.

교재 날짜	공부할 내용	공부한 날짜	스스로 평가
7일	개념 확인하기	/	😄 🙂 😧
8일	도형의 성질	/	😄 🙂 😧
9일	도형의 개수	/	😄 🙂 😧
10일	쌓기나무의 개수	/	😄 🙂 😧
11일	문장제 서술형 평가	/	😄 🙂 😧

이 꽃에서 □모양을 찾아봐.

무엇을 배울까요?

교과서 학습연계도

1-2

3. 여러 가지 모양
• ■, ▲, ● 모양
• 여러 가지 모양 꾸미기

2-1

2. 여러 가지 도형
• 원, 삼각형, 사각형, 오각형, 육각형
• 쌓기나무로 만들기

3-1

2. 평면도형
• 선분, 반직선, 직선
• 각, 직각
• 직각삼각형, 직사각형, 정사각형

3-2

3. 원
• 원의 구성 요소
• 원의 성질
• 원 그리기

" **정확한 용어를 사용하여 평면도형의 특징을 설명해요.**

지금까지 동그란 모양, 세모 모양, 네모 모양이라고 표현했다면
이제부터는 원, 삼각형, 사각형이라고 불러 주세요.
'사각형은 변이 4개, 꼭짓점이 4개인 도형'처럼 각각의 평면도형에 대한 특징을
변, 꼭짓점 등 정확한 수학 용어를 사용하여 설명할 수 있어야 해요.
평면도형의 이름과 각각의 특징을 꼭 기억해 두세요! "

개념 확인하기

원

1 원을 모두 찾아 색칠하세요.

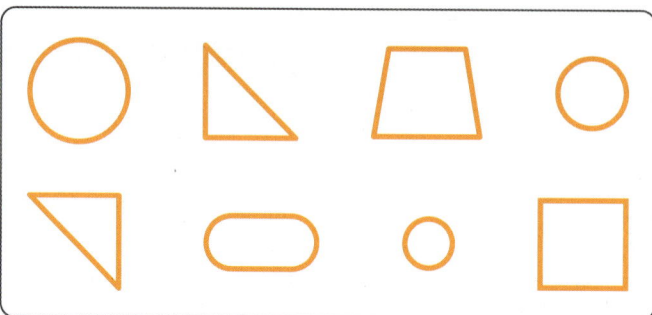

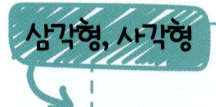
삼각형, 사각형

2 도형의 이름을 쓰세요.

(1)

(2)

....

3 ㉠, ㉡에 알맞은 말을 쓰세요.

(1)
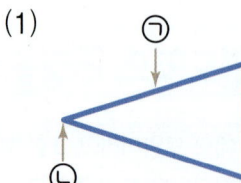

(2)
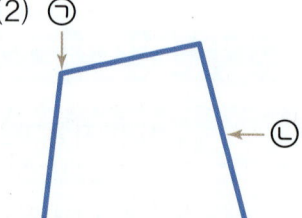

㉠ .... 변 ....   ㉠ ....

㉡ ....   ㉡ ....

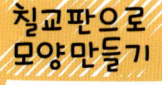

4 칠교판 조각이 삼각형 모양이면 △표,
사각형 모양이면 □표 하세요.

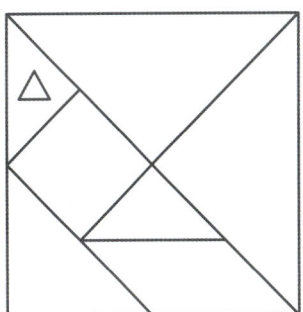

5 그림을 보고 물음에 답하세요.

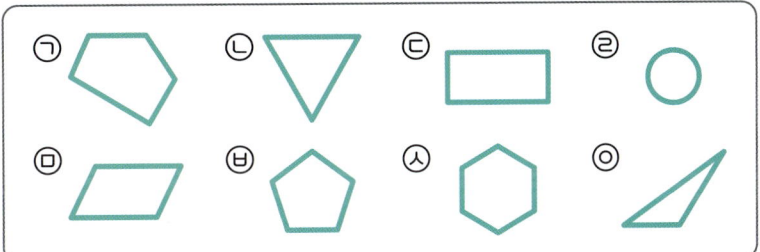

(1) 육각형을 찾아 기호를 쓰세요. ....

(2) 오각형은 모두 몇 개인가요? ....

6 똑같은 모양으로 쌓으려면 쌓기나무가 몇 개 필요할까요?

(1)
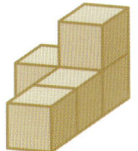

(2)
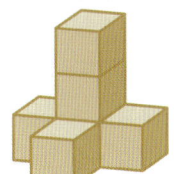

....

도형의 성질

1

진우가 (사각형 3개)를 그렸습니다.
그린 사각형 3개의 변은 모두 몇 개일까요?

문제읽고

❶ 구하는 것에 밑줄 치고, 주어진 것에 ○표 하세요.

풀이쓰고

❷ 사각형은 변이 몇 개인가요? .... 개

❸ 사각형 3개를 그리면 변은 모두 몇 개인지 구하세요.

(변의 수의 합) = ... + ... + ... = ... (개)

❹ 답을 쓰세요.

진우가 그린 사각형 3개의 변은 모두 .... 입니다.

한번 더 OK

2

육각형은 삼각형보다 꼭짓점이 몇 개 더 많을까요?

문제읽고

❶ 무엇을 구하는 문제인가요? 구하는 것에 밑줄 치세요.

풀이쓰고

❷ 육각형과 삼각형은 꼭짓점이 각각 몇 개인가요?

육각형의 꼭짓점 .... 개, 삼각형의 꼭짓점 .... 개

❸ 육각형과 삼각형의 꼭짓점 수의 차를 구하세요.

(육각형의 꼭짓점 수) – (삼각형의 꼭짓점 수)

= .... – .... = ... (개)

❹ 답을 쓰세요.

육각형은 삼각형보다 꼭짓점이 .... 더 많습니다.

대표문제

3 삼각형의 꼭짓점의 수와 사각형의 변의 수의 합을 구하세요.

문제읽고
❶ 무엇을 구하는 문제인가요? 구하는 것에 밑줄 치세요.

풀이쓰고
❷ 삼각형의 꼭짓점의 수, 사각형의 변의 수는 각각 얼마인가요?

삼각형의 꼭짓점의 수 ...., 사각형의 변의 수 ....

❸ 삼각형의 꼭짓점의 수와 사각형의 변의 수의 합을 구하세요.

(삼각형의 꼭짓점의 수) + (사각형의 변의 수)

= .... + ... = ...

❹ 답을 쓰세요.

삼각형의 꼭짓점의 수와 사각형의 변의 수의 합은 .... 입니다.

한단계 UP

4 ♥, ★, ♣의 합을 구하세요.

• 삼각형의 변은 ♥개입니다.
• 오각형의 변은 ★개입니다.
• 원의 꼭짓점은 ♣개입니다.

문제읽고
❶ 구하는 것에 밑줄 치고, 주어진 것에 ○표 하세요.

풀이쓰고
❷ 도형의 변의 수, 꼭짓점의 수와 ♥, ★, ♣의 관계를 알아보세요.

삼각형은 변이 .... 개이므로 ♥ = ...

오각형은 변이 .... 개이므로 ★ = ...

원은 꼭짓점이 .... 개이므로 ♣ = ...

❸ ♥, ★, ♣의 합을 구하세요.

♥ + ★ + ♣ = ... + ... + ... = ...

❹ 답을 쓰세요.   ♥, ★, ♣의 합은 .... 입니다.

1 책상 위에 삼각형 모양의 깃발이 4개 놓여 있습니다. 책상 위에 놓여 있는 깃발의 꼭짓점은 모두 몇 개일까요?

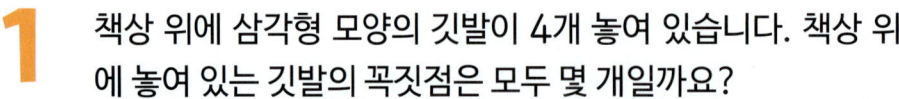

풀이   삼각형 1개에는 꼭짓점이 .... 개 있으므로

삼각형 4개의 꼭짓점은 모두

.... + ... + ... + ... = ... (개)입니다.

답 ....

문제읽기 CHECK
- ☐ 구하는 것에 밑줄, 주어진 것에 ○표!
- ☐ 깃발 모양은? ....
- ☐ 깃발은? .... 개

2 사각형은 육각형보다 변이 몇 개 더 적을까요?

풀이   ❶ 사각형과 육각형은 변이 각각 몇 개인가요?

❷ 사각형은 육각형보다 변이 몇 개 더 적은지 구하세요.

답 ....

문제읽기 CHECK
- ☐ 구하는 것에 밑줄!
- ☐ 사각형은? ☐
- ☐ 육각형은? ☐

3 오각형의 변의 수, 삼각형의 꼭짓점의 수, 사각형의 변의 수의 합은 얼마일까요?

문제읽기 CHECK

☐ 구하는 것에 밑줄!

☐ 오각형은?

☐ 삼각형은?

☐ 사각형은?

풀이 ❶ 오각형의 변의 수, 삼각형의 꼭짓점의 수, 사각형의 변의 수를 각각 구하세요.

❷ 오각형의 변의 수, 삼각형의 꼭짓점의 수, 사각형의 변의 수의 합을 구하세요.

답 ....

도전!

4 다음 중 꼭짓점이 가장 많은 도형과 가장 적은 도형을 찾아 두 도형의 꼭짓점 수의 차를 구하세요.

원	육각형	사각형

문제읽기 CHECK

☐ 구하는 것에 밑줄, 주어진 것에 ○표!

☐ 원의 꼭짓점은?
.... 개

☐ 육각형의 꼭짓점은?
.... 개

☐ 사각형의 꼭짓점은?
.... 개

풀이 ❶ 꼭짓점이 가장 많은 도형을 찾아 꼭짓점이 몇 개인지 쓰세요.

❷ 꼭짓점이 가장 적은 도형을 찾아 꼭짓점이 몇 개인지 쓰세요.

❸ 꼭짓점이 가장 많은 도형과 가장 적은 도형의 꼭짓점 수의 차를 구하세요.

답 ....

도형의 개수

대표문제

1

오른쪽 도형을 점선을 따라 자르면 어떤 도형이 몇 개 생길까요?

문제읽고

❶ 구하는 것에 밑줄 치고, 주어진 것에 ○표 하세요.

풀이쓰고

❷ 위의 도형을 점선을 따라 자른 모양을 알아보세요.

→ ①, ②, ③, ④는 모두 .... 각형이고 .... 개입니다.

❸ 답을 쓰세요.

도형을 점선을 따라 자르면 ....이 .... 생깁니다.

한번 더 OK

2

오른쪽 도형을 점선을 따라 자르면 어떤 도형이 몇 개 생길까요?

문제읽고

❶ 구하는 것에 밑줄 치고, 주어진 것에 ○표 하세요.

풀이쓰고

❷ 위의 도형을 점선을 따라 자른 모양을 알아보세요.

→ ①, ③, ④는 .... 각형이고 .... 개입니다.

②, ⑤는 .... 각형이고 .... 개입니다.

❸ 답을 쓰세요.

도형을 점선을 따라 자르면 ....이 ....,

.... 이 .... 생깁니다.

3

오른쪽 도형에서 찾을 수 있는
크고 작은 사각형은 모두 몇 개일까요?

문제읽고

❶ 무엇을 구하는 문제인가요? 구하는 것에 밑줄 치세요.

❷ 알고 있는 것은 무엇인가요? 알맞게 답하세요.

　　사각형은 곧은 선 .... 개로 둘러싸인 도형입니다.

풀이쓰고

❸ 작은 사각형으로 크고 작은 사각형을 만드세요.

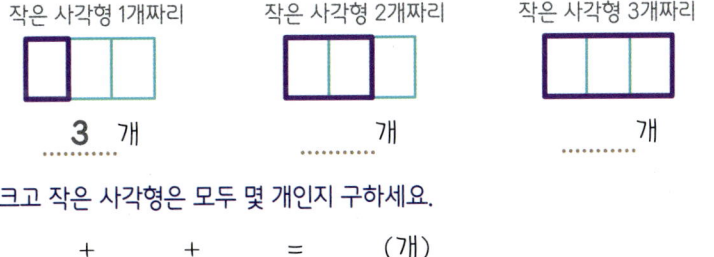

작은 사각형 1개짜리 　　　작은 사각형 2개짜리 　　　작은 사각형 3개짜리

　　3 개 　　　　　　 .... 개 　　　　　　 .... 개

❹ 크고 작은 사각형은 모두 몇 개인지 구하세요.

　　........ + ... + ... = ... (개)

❺ 답을 쓰세요.　 크고 작은 사각형은 모두 .... 입니다.

4

오른쪽 도형에서 찾을 수 있는
크고 작은 사각형은 모두 몇 개일까요?

문제읽고

❶ 무엇을 구하는 문제인가요? 구하는 것에 밑줄 치세요.

풀이쓰고

❷ 작은 사각형으로 크고 작은 사각형을 만드세요.

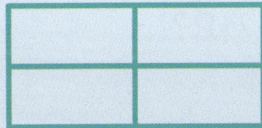

작은 사각형 1개짜리 　　　작은 사각형 2개짜리 　　　작은 사각형 4개짜리

　　　　　 또는

　　........ 개 　　　　　　 .... 개 　　　　　　 .... 개

❸ 크고 작은 사각형은 모두 몇 개인지 구하세요.

　　........ + ... + ... = ... (개)

❹ 답을 쓰세요.　 크고 작은 사각형은 모두 .... 입니다.

1 오른쪽 도형을 점선을 따라 자르면 어떤 도형이 몇 개 생길까요?

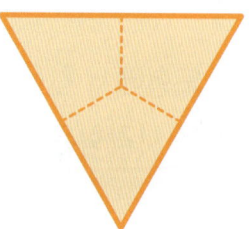

문제읽기 CHECK ✓

☐ 구하는 것에 밑줄,
주어진 것에 ○표!

☐ 도형을 자르면?
.............조각

풀이   도형을 점선을 따라 자르면

모두 ....이고 ....개 생깁니다.

답 .... ,

2 오른쪽 칠교판을 선을 따라 잘랐을 때, 삼각형은 사각형보다 몇 개 더 많이 생길까요?

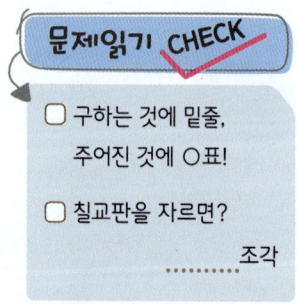

문제읽기 CHECK ✓

☐ 구하는 것에 밑줄,
주어진 것에 ○표!

☐ 칠교판을 자르면?
.............조각

풀이   ❶ 칠교판을 선을 따라 잘랐을 때 삼각형, 사각형은 각각 몇 개씩 생기는지 구하세요.

❷ 삼각형은 사각형보다 몇 개 더 많이 생기는지 구하세요.

답 ....

3 오른쪽 도형에서 찾을 수 있는 크고 작은
사각형은 모두 몇 개일까요?

문제읽기 CHECK

☐ 구하는 것에 밑줄!

☐ 사각형은?
　곧은 선 …………개로
　둘러싸인 도형

풀이　❶ 작은 사각형 1개, 2개, 3개, 4개, 6개로 만들 수 있는 크고 작은 사
　　　각형은 각각 몇 개인지 구하세요.

　　　사각형 1개짜리 : …………개, 사각형 2개짜리 : …………개,

　　　사각형 3개짜리 : …………개, 사각형 4개짜리 : …………개,

　　　사각형 6개짜리 : …………개

　　❷ 크고 작은 사각형은 모두 몇 개인지 구하세요.

　　　(크고 작은 사각형의 수)

　　　= ………… + ………… + ………… + ………… + …………

　　　= ………… (개)

　　　답 …………………………………

4 오른쪽 도형에서 찾을 수 있는 크고
작은 삼각형은 모두 몇 개일까요?

문제읽기 CHECK

☐ 구하는 것에 밑줄!

☐ 삼각형은?
　곧은 선 …………개로
　둘러싸인 도형

풀이　❶ 작은 삼각형 1개, 2개, 3개, 4개로 만들 수 있는 크고 작은 삼각형
　　　은 각각 몇 개인지 구하세요.

　　❷ 크고 작은 삼각형은 모두 몇 개인지 구하세요.

　　　답 …………………………………

쌓기나무의 개수

대표
문제

1 오른쪽과 똑같은 모양으로 쌓으려면
쌓기나무가 몇 개 필요할까요?

문제읽고

❶ 무엇을 구하는 문제인가요? 구하는 것에 밑줄 치세요.
❷ 주어진 것은 무엇인가요? 알맞게 답하세요.

쌓기나무가 ....층과 ....층에 쌓여 있습니다.

풀이쓰고

❸ 각 층의 쌓기나무 수를 세어 쌓기나무가 몇 개 필요한지 구하세요.

2층 : .... 개

1층 : .... 개

→ .... + ... = ... (개)

❹ 답을 쓰세요.

쌓기나무가 .... 필요합니다.

한번 더
OK

2 오른쪽과 똑같은 모양으로 쌓으려면
쌓기나무가 몇 개 필요할까요?

문제읽고

❶ 무엇을 구하는 문제인가요? 구하는 것에 밑줄 치세요.
❷ 주어진 것은 무엇인가요? 알맞게 답하세요.

쌓기나무가 ....층, ...층, ...층에 쌓여 있습니다.

풀이쓰고

❸ 각 층의 쌓기나무 수를 세어 쌓기나무가 몇 개 필요한지 구하세요.

1층 : .... 개, 2층 : .... 개, 3층 : .... 개

→ .... + ... + ... = ... (개)

❹ 답을 쓰세요.

쌓기나무가 .... 필요합니다.

3

선재와 민서는 쌓기나무로
오른쪽과 같은 모양을 만들었습니다.
누가 더 <u>많은 쌓기나무를 사용했을까요?</u>

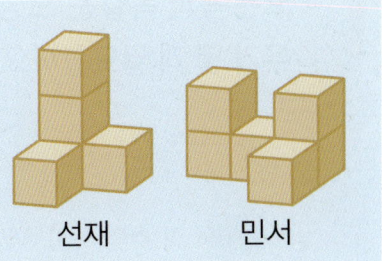

선재   민서

문제읽고

❶ 무엇을 구하는 문제인가요? 구하는 것에 밑줄 치세요.

❷ 선재와 민서는 쌓기나무를 어떻게 쌓았나요?

선재 : 1층에 .... 개, 2층에 .... 개, 3층에 .... 개

민서 : 1층에 .... 개, 2층에 .... 개

풀이쓰고

❸ 선재와 민서가 만든 모양의 쌓기나무는 각각 몇 개인지 구하세요.

선재 : .... + ... + ... = ... (개)
      1층   **2층**   **3층**

민서 : .... + ... = ... (개)
      1층   **2층**

❹ 선재와 민서가 만든 모양의 쌓기나무 수를 비교하세요.

.... < .... 이므로

(선재 , 민서)가 만든 모양의 쌓기나무 수가 더 많습니다.

❺ 답을 쓰세요.

........................가 더 많은 쌓기나무를 사용했습니다.

기적 특강

보이지 않는 쌓기나무를 빼먹지 말자!

실제로 쌓여 있는 그림에 보이지 않는 쌓기나무가 있는지 확인하여 쌓기나무의 수를 세어야 합니다.

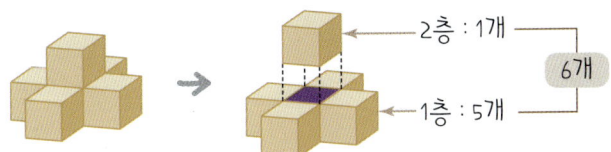

2층 : 1개
1층 : 5개
6개

1 오른쪽과 똑같은 모양으로 쌓으려면 쌓기나무가 몇 개 필요할까요?

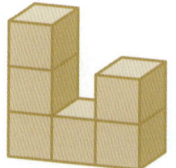

문제읽기 CHECK

☐ 구하는 것에 밑줄!

☐ 쌓기나무를 쌓은 층은?
.......층, ...층, ...층

풀이 각 층의 쌓기나무를 세어 보면

1층 : .... 개, 2층 : .... 개, 3층 : .... 개

→ (필요한 쌓기나무 수)

= ....

= .... (개)

답 ....

2 오른쪽과 똑같은 모양으로 쌓으려면 쌓기나무가 몇 개 필요할까요?

문제읽기 CHECK

☐ 구하는 것에 밑줄!

☐ 쌓기나무를 쌓은 층은?
.......층, ...층

풀이 ❶ 각 층의 쌓기나무는 몇 개인가요?

❷ 쌓기나무가 몇 개 필요한지 구하세요.

답 ....

3 준형이는 ㉮와 같이 쌓기나무를 쌓았습니다. ㉯와 같은 모양으로 쌓기나무를 다시 쌓으려면 쌓기나무가 몇 개 더 필요할까요?

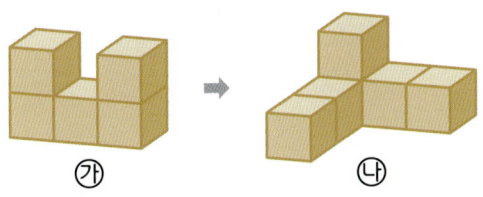

㉮ → ㉯

문제읽기 CHECK ✓

☐ 구하는 것에 밑줄!

☐ 쌓기나무를 쌓은 층은?

㉮ : ......층, ...층

㉯ : ......층, ...층

 풀이 ❶ ㉮와 ㉯의 쌓기나무는 각각 몇 개인지 구하세요.

❷ 쌓기나무가 몇 개 더 필요한지 구하세요.

 답 ....

 도전!

4 현호와 솔비는 쌓기나무로 오른쪽과 같은 모양을 만들었습니다. 누가 쌓기나무를 몇 개 더 많이 사용했을까요?

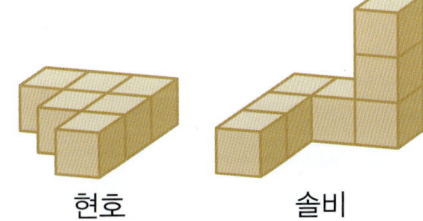

현호

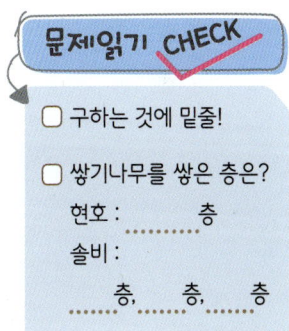

솔비

문제읽기 CHECK ✓

☐ 구하는 것에 밑줄!

☐ 쌓기나무를 쌓은 층은?

현호 : ......층

솔비 :

......층, ...층, ...층

풀이 ❶ 현호와 솔비가 만든 모양의 쌓기나무는 각각 몇 개인지 구하세요.

❷ 누가 쌓기나무를 몇 개 더 많이 사용했는지 구하세요.

 답 .... , ...

문장제 서술형 평가

1 오른쪽과 똑같은 모양으로 쌓으려면 쌓기나무가 몇 개 필요할까요? **(5점)**

풀이

답 ....

2 다음 도형을 점선을 따라 자르면 사각형은 몇 개 생길까요? **(5점)**

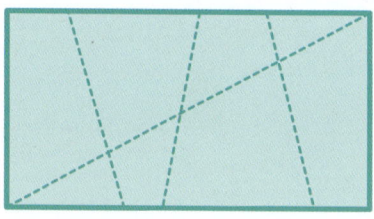

풀이

답 ....

3 육각형의 변의 수와 삼각형의 꼭짓점의 수의 합을 구하세요. **(6점)**

풀이

답 ....

4 ㉮를 ㉯와 똑같은 모양으로 쌓으려고 합니다. 쌓기나무가 몇 개 더 필요할까요? **(6점)**

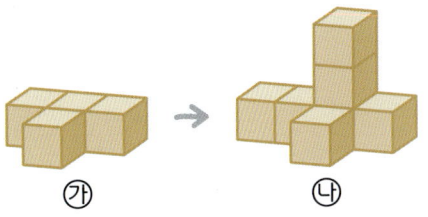

풀이

답 _____

5 오른쪽 그림은 국가 세이셸의 국기입니다. 점선을 따라 자르면 어떤 도형이 몇 개 생길까요?

(6점)

풀이

답 _____

6 혜미와 종국이가 쌓기나무로 다음과 같은 모양을 만들었습니다. 누가 쌓기나무를 몇 개 더 적게 사용했을까요? **(6점)**

혜미   종국

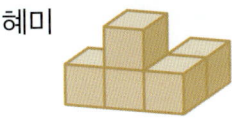 

풀이

답 _____ , _____

7 다음은 어떤 도형에 대한 설명일까요? **(7점)**

> • 곧은 선들로 둘러싸여 있습니다.
> • 꼭짓점과 변의 수의 합은 10입니다.

풀이

답 ....

8 오른쪽 도형에서 찾을 수 있는 크고 작은 사각형은 모두 몇 개일까요? **(7점)**

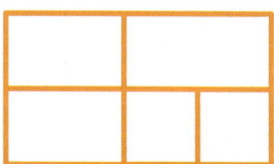

풀이

답 ....

수족관 나들이

숨은 그림 8개를 찾아 ○표 해 주세요.

커다란 상어, 작은 물고기, 물결 따라 넘실거리는 해초……
수족관에서 바닷속에 살고 있는 친구들을 관찰해요.
숨은 그림도 찾아볼까요?

돛단배, 럭비공, 뱀, 병, 새, 양말, 코끼리, 크리스마스 트리

3 덧셈과 뺄셈

어떻게 공부할까요?

계획대로 공부했나요? 스스로 평가하여 알맞은 표정에 색칠하세요.

교재 날짜	공부할 내용	공부한 날짜	스스로 평가		
12일	개념 확인하기	/	😄	🙂	😐
13일	합 구하기	/	😄	🙂	😐
14일	차 구하기	/	😄	🙂	😐
15일	□를 사용한 식	/	😄	🙂	😐
16일	세 수의 계산	/	😄	🙂	😐
17일	문장제 서술형 평가	/	😄	🙂	😐

전체의 수를
구할 때에는
더하는 거야?

무엇을 배울까요?

교과서
학습연계도

1-2

2. 덧셈과 뺄셈(1)
• 받아올림이 없는
 (몇십몇)+(몇십몇)
• 받아내림이 없는
 (몇십몇)−(몇십몇)

1-2

6. 덧셈과 뺄셈(3)
• 받아올림이 있는 (몇)+(몇)
• 받아내림이 있는 (십몇)−(몇)

2-1

3. 덧셈과 뺄셈
• 받아올림이 있는
 (몇십몇)+(몇십몇)
• 받아내림이 있는
 (몇십몇)−(몇십몇)

3-1

1. 덧셈과 뺄셈
• 세 자리 수의 덧셈
• 세 자리 수의 뺄셈

❝ 덧셈 상황과 뺄셈 상황을 구별하여 식을 세워요.

수만 달라졌을 뿐 지금까지 배웠던 덧셈, 뺄셈과 똑같답니다.
문장에서 더하면, 합하면, ~ 큰 수, 합 등을 구할 때에는 덧셈식을 세우고,
빼면, 덜어 내면, 남은, ~ 작은 수, 차 등을 구할 때에는 뺄셈식을 세워요.
받아올림, 받아내림이 있어 계산이 복잡하므로 계산에서 실수하지 않도록 주의하면서 풀어 보세요. ❞

1 그림을 보고 덧셈을 하세요.

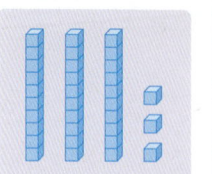 

$33+29=$ ....

2 덧셈을 하세요.

(1)
```
    1 7
+     7
───────
```

(2)
```
    6 4
+   5 5
───────
```

(3) $65+52=$ ....

(4) $32+98=$ ....

3 그림을 보고 뺄셈을 하세요.

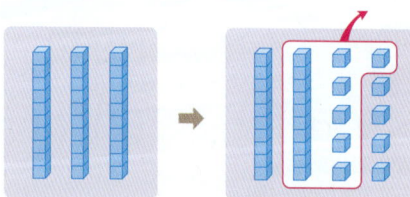

$30-16=$ ....

4 뺄셈을 하세요.

(1)
```
    4 2
−     9
───────
```

(2)
```
    9 1
−   2 5
───────
```

(3) $53-27=$ ....

(4) $27-8=$ ....

5 덧셈식은 뺄셈식으로, 뺄셈식은 덧셈식으로 나타내세요.

(1) $35+27=62$ ➡️
.... $-$ .... $=$ ....
.... $-$ .... $=$ ....

(2) $90-9=81$ ➡️
.... $+$ .... $=$ ....
.... $+$ .... $=$ ....

□의 값 구하기

6 빈 곳에 알맞은 수를 써넣으세요.

(1)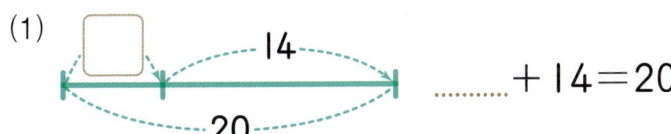
.... $+14=20$

(2)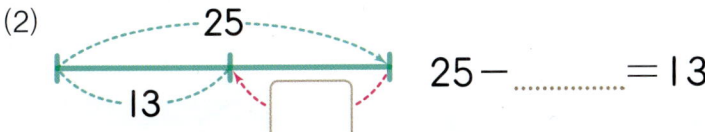
$25-$ .... $=13$

세 수의 계산

7 계산을 하세요.

(1) $67-3-8=$ ....

(2) $36+17-22=$ ....

(3) $95-15+59=$ ....

대표 문제

1 혜지는 노란색 머리끈 ㉏43개㉐와 파란색 머리끈 ㉏8개㉐를 가지고 있습니다.
혜지가 가지고 있는 머리끈은 모두 몇 개일까요?

문제읽고

❶ 구하는 것에 밑줄 치고, 주어진 것에 ○표 하세요.
❷ 혜지가 가지고 있는 머리끈이 모두 몇 개인지 알려면 어떻게 해야 하나요?

노란색 머리끈 .... 개와 파란색 머리끈 .... 개를 (**더합니다** , **뺍니다**).

풀이쓰고

❸ 식을 쓰세요.

> 알맞은 기호에 ○표 하세요.

(머리끈 수)= .... (+ , −) .... = ... (개)

❹ 답을 쓰세요.

혜지가 가지고 있는 머리끈은 모두 .... 입니다.

> 단위 쓰기

한번 더 OK

2 빵집에서 빵을 어제는 **62**개, 오늘은 **74**개 팔았습니다.
어제와 오늘 판 빵은 모두 몇 개일까요?

문제읽고

❶ 구하는 것에 밑줄 치고, 주어진 것에 ○표 하세요.
❷ 어제와 오늘 판 빵이 모두 몇 개인지 알려면 어떻게 해야 하나요?

어제 판 빵 .... 개와 오늘 판 빵 .... 개를 (**더합니다** , **뺍니다**).

풀이쓰고

❸ 식을 쓰세요.

(빵의 수) = ... (+ , −) .... = ... (개)

❹ 답을 쓰세요.

어제와 오늘 판 빵은 모두 .... 입니다.

3

아버지의 나이는 ⟨38살⟩이고, 고모는 ⟨아버지보다 5살 더 많습니다.⟩
고모의 나이는 몇 살일까요?

문제읽고

❶ 구하는 것에 밑줄 치고, 주어진 것에 ○표 하세요.
❷ 고모의 나이가 몇 살인지 알려면 어떻게 해야 하나요?

아버지의 나이 ＿＿＿＿＿살에 ＿＿＿＿살을 (**더합니다** , 뺍니다).

풀이쓰고

❸ 식을 쓰세요.

(고모의 나이) = ＿＿＿＿＿ (+ , -) ＿＿＿＿ = ＿＿＿＿＿(살)

❹ 답을 쓰세요.

고모의 나이는 ＿＿＿＿＿＿＿＿입니다.

4

은비는 어제 동화책을 56쪽 읽고,
오늘은 어제보다 11쪽 더 많이 읽었습니다.
은비는 어제와 오늘 동화책을 모두 몇 쪽 읽었을까요?

문제읽고

❶ 구하는 것에 밑줄 치고, 주어진 것에 ○표 하세요.
❷ 오늘 읽은 쪽수를 알려면 어떻게 해야 하나요?

어제 읽은 ＿＿＿＿쪽에 오늘 더 읽은 ＿＿＿＿쪽을 (**더합니다** , 뺍니다).

풀이쓰고

❸ 오늘 읽은 동화책은 몇 쪽인지 구하세요.

56 (+ , -) ＿＿＿＿ = ＿＿＿＿(쪽)

❹ 어제와 오늘 동화책을 모두 몇 쪽 읽었는지 구하세요.

(어제 읽은 동화책 쪽수) (+ , -) (오늘 읽은 동화책 쪽수)

= ＿＿＿＿ (+ , -) ＿＿＿＿ = ＿＿＿＿(쪽)

❺ 답을 쓰세요.

은비는 어제와 오늘 동화책을 모두 ＿＿＿＿＿＿ 읽었습니다.

1 어머니께서 과자를 누나에게 15개, 동생에게 7개 주셨습니다. 어머니께서 주신 과자는 모두 몇 개일까요?

풀이 (어머니께서 주신 과자 수)

= (누나에게 준 과자 수) (+ , −) (동생에게 준 과자 수)

= ....

= .... (개)

답 ....

문제읽기 CHECK

☐ 구하는 것에 밑줄, 주어진 것에 ○표!

☐ 누나에게 준 과자는? .... 개

☐ 동생에게 준 과자는? .... 개

2 과수원에서 사과를 78개, 배를 47개 따서 상자에 담았습니다. 상자에 담은 사과와 배는 모두 몇 개일까요?

풀이

답 ....

문제읽기 CHECK

☐ 구하는 것에 밑줄, 주어진 것에 ○표!

☐ 사과는? .... 개

☐ 배는? .... 개

3

닭을 기르는 곳

양계장에서 어제 닭이 낳은 달걀은 55개였습니다. 오늘은 어제보다 19개 더 많이 낳았습니다. 오늘 닭이 낳은 달걀은 몇 개일까요?

풀이

답 ....

문제읽기 CHECK ✓

☐ 구하는 것에 밑줄,
주어진 것에 ○표!

☐ 어제 낳은 달걀은?
.... 개

☐ 오늘은?
어제보다 .... 개 더
더 많이 낳았다.

4

건우네 학교 2학년 여학생은 64명이고, 남학생은 여학생보다 22명 더 많습니다. 건우네 학교 2학년 학생은 모두 몇 명일까요?

풀이 **❶** 건우네 학교 2학년 남학생은 몇 명인지 구하세요.

❷ 건우네 학교 2학년 학생은 모두 몇 명인지 구하세요.

문제읽기 CHECK ✓

☐ 구하는 것에 밑줄,
주어진 것에 ○표!

☐ 여학생은? .... 명

☐ 남학생은?
여학생보다 .... 명
더 많다.

답 ....

차 구하기

1 놀이공원 동물 열차에 22명이 타고 있었는데 9명이 내렸습니다.
동물 열차에 남아 있는 사람은 몇 명일까요?

문제읽고

❶ 구하는 것에 밑줄 치고, 주어진 것에 ○표 하세요.

❷ 동물 열차에 남아 있는 사람이 몇 명인지 알려면 어떻게 해야 하나요?

동물 열차에 타고 있던 사람 ....명에서 내린 사람 ....명을

(**더합니다** , **뺍니다**).

풀이쓰고

❸ 식을 쓰세요.

(남아 있는 사람 수) = ... (+ , −) .... = ... (명)

❹ 답을 쓰세요.

동물 열차에 남아 있는 사람은 ....입니다.

2 가은이네 집에 있는 40권의 책 중에서
13권은 역사책이고 나머지는 동화책입니다.
동화책은 몇 권일까요?

문제읽고

❶ 구하는 것에 밑줄 치고, 주어진 것에 ○표 하세요.

❷ 동화책이 몇 권인지 알려면 어떻게 해야 하나요?

전체 책 ....권에서 역사책 ....권을 (**더합니다** , **뺍니다**).

풀이쓰고

❸ 식을 쓰세요.

(동화책 수) = ... (+ , −) .... = ... (권)

❹ 답을 쓰세요.

동화책은 ....입니다.

3

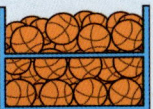

체육관에 배구공이 ⟨75개⟩ 있고,
농구공은 ⟨배구공보다 8개 더 적게⟩ 있습니다.
체육관에 농구공은 몇 개 있을까요?

문제읽고

❶ 구하는 것에 밑줄 치고, 주어진 것에 ○표 하세요.

❷ 체육관에 농구공이 몇 개 있는지 알려면 어떻게 해야 하나요?

배구공 .... 개에서 차이가 나는 개수 .... 개를 (**더합니다** , **뺍니다**).

풀이쓰고

❸ 식을 쓰세요.

(농구공 수) = ... (+ , −) .... = ... (개)

❹ 답을 쓰세요.

체육관에 농구공은 .... 있습니다.

4

윤재는 친구들과 구슬치기를 하여 구슬 54개 중에서 15개를 잃었고,
동생 성재는 구슬을 36개 가지고 있습니다.
누가 구슬을 몇 개 더 많이 가지고 있을까요?

문제읽고

❶ 구하는 것에 밑줄 치고, 주어진 것에 ○표 하세요.

풀이쓰고

❷ 윤재가 구슬치기를 하고 난 다음 구슬은 몇 개인지 구하세요.

.... (+ , −) .... = ... (개)

❸ 윤재와 성재의 구슬 수를 비교하고, 두 구슬 수의 차를 구하세요.

윤재의 구슬 수
◯ 36이므로 (**윤재** , **성재**)가 더 많이 가지고 있습니다.

(두 구슬 수의 차) = ... (+ , −) .... = ... (개)

❹ 답을 쓰세요.

.... 가 구슬을 .... 더 많이 가지고 있습니다.

1 강당에 의자가 52개 있습니다. 그중에서 28개를 교실로 옮겼습니다. 강당에 남은 의자는 몇 개일까요?

풀이 (남은 의자 수)

= (강당에 있던 의자 수) (+ , -) (교실로 옮긴 의자 수)

= ....

= ....(개)

답 ....

2 손하가 가지고 있는 칭찬 붙임딱지는 34장이고, 연우는 칭찬 붙임딱지를 손하보다 7장 더 적게 가지고 있습니다. 연우가 가지고 있는 칭찬 붙임딱지는 몇 장일까요?

풀이

답 ....

3 예준이는 전체 조각이 70개인 퍼즐을 맞추고 있는데 지금까지 퍼즐 조각을 56개 맞췄습니다. 퍼즐 조각을 몇 개 더 맞춰야 완성될까요?

문제읽기 CHECK ✓

☐ 구하는 것에 밑줄,
　주어진 것에 ○표!

☐ 전체 퍼즐 조각은?
　⋯⋯⋯⋯ 개

☐ 맞춘 퍼즐 조각은?
　⋯⋯⋯⋯ 개

풀이

답 ⋯⋯⋯⋯⋯⋯⋯⋯⋯⋯⋯⋯⋯⋯

 도전!

4 장난감 가게에서 진열되어 있는 인형 96개 중에서 47개를 팔았습니다. 판 인형과 남은 인형 중에서 어느 쪽이 몇 개 더 많을까요?

문제읽기 CHECK ✓

☐ 구하는 것에 밑줄,
　주어진 것에 ○표!

☐ 전체 인형은?
　⋯⋯⋯⋯ 개

☐ 판 인형은?
　⋯⋯⋯⋯ 개

풀이 ❶ 남은 인형은 몇 개인지 구하세요.

❷ 판 인형과 남은 인형 중에서 어느 쪽이 몇 개 더 많은지 구하세요.

답 ⋯⋯⋯⋯⋯⋯⋯⋯⋯ , ⋯⋯⋯⋯⋯⋯⋯⋯⋯

□를 사용한 식

1 지호는 팽이 8개를 가지고 있습니다.
영서에게 몇 개를 더 받았더니 26개가 되었습니다.
영서에게 받은 팽이는 몇 개일까요?

문제읽고

❶ 구하는 것에 밑줄 치고, 주어진 것에 ○표 하세요.
❷ 문장을 ■를 사용한 식으로 만드세요.

팽이 8개를 가지고 있었는데 몇 개 더 받아서 26개가 되었습니다.
　　8　　　　　　　　　　　　　　+■　　　　=26

➡ 　8　(+ , −)　■　=　26

풀이쓰고

❸ 덧셈과 뺄셈의 관계를 이용하여 ■를 구하세요.

8 + ■ = 26 　➡　_____26_____ (+ , −) _____ = ■, ■ = _____

❹ 답을 쓰세요.

영서에게 받은 팽이는 .... 입니다.

---

2 건우네 논에서 올해 수확한 쌀은 57자루입니다.
그중에서 몇 자루를 팔았더니 34자루가 남았습니다.
판 쌀은 몇 자루일까요?

문제읽고

❶ 구하는 것에 밑줄 치고, 주어진 것에 ○표 하세요.
❷ 문장을 ■를 사용한 식으로 만드세요.

쌀 57자루 중에서 몇 자루를 팔았더니 34자루가 남았습니다.
　　57　　　　　　　　−■　　　　　　=34

➡ 　57　(+ , −)　■　=　

풀이쓰고

❸ 덧셈과 뺄셈의 관계를 이용하여 ■를 구하세요.

57 − ■ = 34 　➡　........... (+ , −) _____ = ■, ■ = _____

❹ 답을 쓰세요.

판 쌀은 .... 입니다.

3

쟁반에 밤이 놓여 있습니다.
윤주가 밤 12개를 더 놓았더니 모두 31개가 되었습니다.
처음 쟁반에 놓여 있던 밤은 몇 개일까요?

문제읽고

❶ 구하는 것에 밑줄 치고, 주어진 것에 ○표 하세요.

❷ 문장을 ■를 사용한 식으로 만드세요.

쟁반에 놓여 있는 밤에　12개를 더 놓았더니　모두 31개가 되었습니다.
　　■　　　　　　　+12　　　　　　=31

→ ■ (+ , −) 12 = 31

풀이쓰고

❸ 덧셈과 뺄셈의 관계를 이용하여 ■를 구하세요.

■ + 12 = 31 → 　31　 (+ , −) ＿＿＿＿ = ■, ■ = ＿＿＿＿

❹ 답을 쓰세요.

처음 쟁반에 놓여 있던 밤은 ＿＿＿＿＿＿＿＿ 입니다.

4

어린이들이 놀이터에서 놀고 있습니다.
그중에서 9명이 집에 가고 15명이 남았습니다.
처음 놀이터에 있던 어린이는 몇 명일까요?

문제읽고

❶ 구하는 것에 밑줄 치고, 주어진 것에 ○표 하세요.

❷ 문장을 ■를 사용한 식으로 만드세요.

놀이터에서 놀고 있는 어린이 중에서　9명이 집에 가고　15명이 남았습니다.
　　　■　　　　　　　　−9　　　　　=15

→ ■ (+ , −) ＿＿＿ = ＿＿＿

풀이쓰고

❸ 덧셈과 뺄셈의 관계를 이용하여 ■를 구하세요.

■ − 9 = 15 → ＿＿＿ (+ , −) ＿＿＿ = ■ , ■ = ＿＿＿

❹ 답을 쓰세요.

처음 놀이터에 있던 어린이는 ＿＿＿＿＿＿ 입니다.

1 승철이는 어제 종이학 24개를 접었습니다. 오늘 종이학을 몇 개 더 접었더니 47개가 되었습니다. 오늘 접은 종이학은 몇 개일까요?

풀이 .... 접은 종이학을 □개로 하여 덧셈식을 쓰면

.... + □ = ...

덧셈과 뺄셈의 관계를 이용하면

.... - .... = □ , □ = ...

답 ....

문제읽기 CHECK ✓

☐ 구하는 것에 밑줄,
   주어진 것에 ○표!

☐ 어제 접은 종이학은?
   .... 개

☐ 어제와 오늘 접은 전체
   종이학은?
   .... 개

2 꽃병에 꽃이 30송이 꽂혀 있었습니다. 그중에서 몇 송이를 빼냈더니 16송이가 남았습니다. 꽃을 몇 송이 빼냈을까요?

풀이 ❶ 꽃병에서 빼낸 꽃을 □송이로 하여 뺄셈식을 쓰세요.

❷ 꽃을 몇 송이 빼냈는지 구하세요.

답 ....

문제읽기 CHECK ✓

☐ 구하는 것에 밑줄,
   주어진 것에 ○표!

☐ 전체 꽃은?
   .... 송이

☐ 남은 꽃은?
   .... 송이

3 어떤 수와 9의 합은 51입니다. 어떤 수는 얼마일까요?

문제읽기 CHECK

☐ 구하는 것에 밑줄,
   주어진 것에 ○표!

☐ 어떤 수에 더한 수는?
   ....

☐ 어떤 수와 9의 합은?
   ....

풀이 ❶ 어떤 수를 ☐로 하여 덧셈식을 쓰세요.

❷ 어떤 수는 얼마인지 구하세요.

답 ....

4 상자 안에 공이 들어 있습니다. 지안이가 공 7개를 빼냈더니 상자 안에 공이 65개 남았습니다. 처음 상자 안에 들어 있던 공은 몇 개일까요?

문제읽기 CHECK

☐ 구하는 것에 밑줄,
   주어진 것에 ○표!

☐ 빼낸 공은? .... 개

☐ 남은 공은? .... 개

풀이 ❶ 처음 상자 안에 들어 있던 공을 ☐개로 하여 뺄셈식을 쓰세요.

❷ 처음 상자 안에 들어 있던 공은 몇 개인지 구하세요.

답 ....

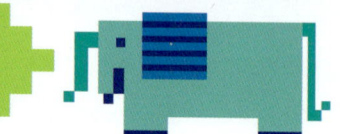

세 수의 계산

대표문제

1

윤지네 모둠 친구들이 주황색 풍선 25개, 보라색 풍선 6개,
노란색 풍선 32개를 불어서 교실을 꾸몄습니다.
교실을 꾸민 풍선은 모두 몇 개일까요?

문제읽고

❶ 구하는 것에 밑줄 치고, 주어진 것에 ○표 하세요.

풀이쓰고

❷ 식을 쓰세요.

(풍선 수) = ...25...... (+ , −) ......6...... (+ , −) ......32...... = ... (개)

❸ 답을 쓰세요.

교실을 꾸민 풍선은 모두 .... 입니다.

한번 더 OK

2

의찬이는 연필 60자루 중에서
11자루를 사용하고, 8자루를 친구에게 선물로 주었습니다.
남은 연필은 몇 자루일까요?

문제읽고

❶ 구하는 것에 밑줄 치고, 주어진 것에 ○표 하세요.

풀이쓰고

❷ 식을 쓰세요.

(남은 연필 수) = ... (+ , −) ......11...... (+ , −) .... = ... (자루)

❸ 답을 쓰세요.

남은 연필은 .... 입니다.

3

냉장고에 달걀이 ⑰개 있었습니다.
어머니께서 달걀 ⑮개를 더 사 오시고, ⑨개를 사용했습니다.
지금 냉장고에는 달걀이 몇 개 있을까요?

문제읽고
❶ 구하는 것에 밑줄 치고, 주어진 것에 ○표 하세요.

풀이쓰고
❷ 식을 쓰세요.

(지금 냉장고에 있는 달걀 수)

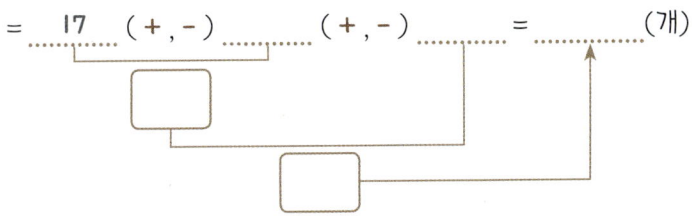

= ___17___ (+ , −) _____ (+ , −) _____ = _____ (개)

❸ 답을 쓰세요.

지금 냉장고에는 달걀이 _____ 있습니다.

4

주차장에 자동차가 **95**대 있었습니다.
그중에서 **47**대가 빠져 나가고, **14**대가 새로 들어왔습니다.
지금 주차장에는 자동차가 몇 대 있을까요?

문제읽고
❶ 구하는 것에 밑줄 치고, 주어진 것에 ○표 하세요.

풀이쓰고
❷ 식을 쓰세요.

(지금 주차장에 있는 자동차 수)

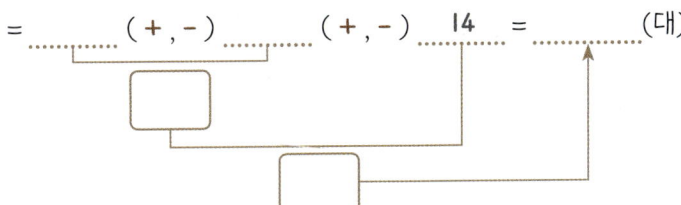

= _____ (+ , −) _____ (+ , −) ___14___ = _____ (대)

❸ 답을 쓰세요.

지금 주차장에는 자동차가 _____ 있습니다.

1 아버지의 나이는 41살, 어머니의 나이는 37살, 소진이의 나이는 9살입니다. 세 사람의 나이의 합은 몇 살일까요?

☐ 구하는 것에 밑줄,
주어진 것에 ○표!

☐ 나이는?
아버지 .... 살
어머니 .... 살
소진 .... 살

풀이 (세 사람의 나이의 합)

= (아버지 나이) + (.................... 나이) + (소진이 나이)

= ....

= .... (살)

답 ....

2 재율이는 딱지 23장을 가지고 있었습니다. 딱지 7장을 새로 만들고, 동생에게 15장을 주었습니다. 지금 재율이가 가지고 있는 딱지는 몇 장일까요?

☐ 구하는 것에 밑줄,
주어진 것에 ○표!

☐ 처음 가지고 있던 딱지
는? .... 장

☐ 새로 만든 딱지는?
.... 장

☐ 동생에게 준 딱지는?
.... 장

풀이

답 ....

3 편의점 진열대에 음료수가 33병 진열되어 있었습니다. 그중에서 8병이 팔리고, 5병을 더 채워 넣었습니다. 지금 음료수는 몇 병 진열되어 있을까요?

풀이

답 ....

문제읽기 CHECK ✔

☐ 구하는 것에 밑줄, 주어진 것에 ○표!

☐ 처음 진열되어 있던 음료수는? ....병

☐ 팔린 음료수는? ....병

☐ 더 채워 넣은 음료수는? ....병

4 경준이는 91쪽짜리 동화책을 어제까지 34쪽 읽고, 오늘 27쪽 읽었습니다. 이 동화책을 끝까지 읽으려면 몇 쪽을 더 읽어야 할까요?

풀이

답 ....

문제읽기 CHECK ✔

☐ 구하는 것에 밑줄, 주어진 것에 ○표!

☐ 전체 쪽수는? ....쪽

☐ 읽은 쪽수는?
어제까지 ....쪽
오늘 ....쪽

문장제 서술형 평가

1 진주는 줄넘기를 어제는 73번 했고, 오늘은 어제보다 19번 더 많이 했습니다. 진주는 오늘 줄넘기를 몇 번 했을까요? **(5점)**

 풀이

답

2 찬민이네 과수원에 포도가 95송이 열렸습니다. 그중에서 38송이를 땄습니다. 따지 않은 포도는 몇 송이일까요? **(5점)**

 풀이

답

3 윤지는 어머니와 같이 마트에서 유산균 음료수와 라면을 사 왔습니다. 유산균 음료수를 32개 사고, 라면은 유산균 음료수보다 17개 더 적게 샀습니다. 라면은 몇 개 샀을까요? **(5점)**

 풀이

답

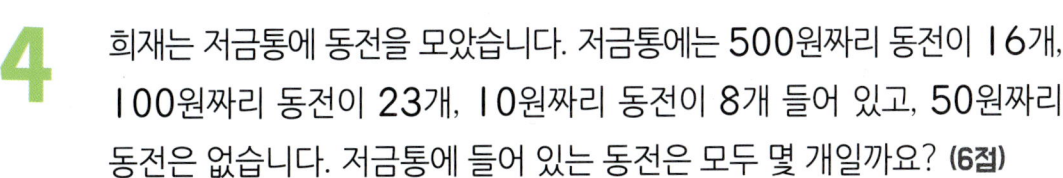

4 희재는 저금통에 동전을 모았습니다. 저금통에는 500원짜리 동전이 16개, 100원짜리 동전이 23개, 10원짜리 동전이 8개 들어 있고, 50원짜리 동전은 없습니다. 저금통에 들어 있는 동전은 모두 몇 개일까요? **(6점)**

풀이

답 ....

5 화단에 꽃이 40송이 피었습니다. 그중에서 어제 12송이가 시들어 떨어지고, 오늘 5송이가 새로 피었습니다. 지금 화단에 피어 있는 꽃은 몇 송이일까요? **(6점)**

풀이

답 ....

6 엘리베이터에 9명이 타고 있습니다. 이번 층에서 몇 명이 더 타서 모두 16명이 되었습니다. 이번 층에서 탄 사람은 몇 명인지 □를 사용하여 식을 만들고 답을 구하세요. **(7점)**

풀이

답 ....

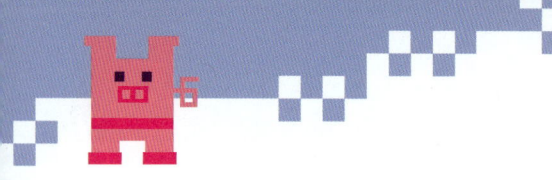

7 어떤 수에서 37을 뺐더니 54가 되었습니다. 어떤 수는 얼마일까요? **(7점)**

풀이

답 ....

8 과일 가게에 딸기가 45개, 멜론이 13개 있습니다. 토마토는 딸기와 멜론 의 개수의 합보다 29개 더 적게 있습니다. 과일 가게에 토마토는 몇 개 있을까요? **(7점)**

풀이

답 ....

자동차 모여라

다른 부분 6군데를 찾아 ○표 해 주세요.

달리기 경주를 앞두고, 친구들이 한 곳에 모여 있어요.
과연 오늘의 승자는 누구일까요?
두 그림에서 서로 다른 부분 6군데를 찾아 주세요.

4 곱셈

어떻게 공부할까요?

계획대로 공부했나요?
스스로 평가하여
알맞은 표정에 색칠하세요.

교재 날짜	공부할 내용	공부한 날짜	스스로 평가
18일	개념 확인하기	/	☺ ☺ ☹
19일	묶어 세기, 뛰어 세기	/	☺ ☺ ☹
20일	곱셈식으로 나타내기	/	☺ ☺ ☹
21일	문장제 서술형 평가	/	☺ ☺ ☹

더하기는 '+'
빼기는 '−'
곱하기는 '×'

무엇을 배울까요?

교과서
학습연계도

2-1

2-1

2-2

3-1

6. 곱셈
• 몇씩 몇 묶음
• 몇의 몇 배
• 곱셈식으로 나타내기

2. 곱셈구구
• 1~9단 곱셈구구
• 0의 곱

3. 나눗셈
• 똑같이 나누기
• 곱셈과 나눗셈의 관계
• 곱셈구구와 나눗셈의 몫

3. 덧셈과 뺄셈
• 받아올림이 있는 (몇십몇)+(몇십몇)
• 받아내림이 있는 (몇십몇)−(몇십몇)

곱셈의 개념과 곱셈이 필요한 상황을 익혀요.

묶음으로 되어 있는 물건의 개수를 구하거나
일정한 규칙으로 배열되어 있는 물건의 개수를 구할 때
곱셈을 통해 쉽고 빠르게 구할 수 있답니다.
주변에서 같은 수를 여러 번 더하는 상황을 찾아
몇씩 몇 묶음, 몇의 몇 배, 곱셈식으로 나타내어 보세요.

개념 확인하기

1 연필은 모두 몇 자루인지 하나씩 세어 보세요.

....

묶어 세기

2 귤은 모두 몇 개인지 **2**가지 방법으로 묶어 세어 보세요.

(1) **4**씩 묶어 세기   (2) **3**씩 묶어 세기

| 4 | 8 | |

→ ....

| 3 | 6 | | |

→ ....

뛰어 세기

3 개구리는 모두 몇 마리인지 **2**씩 뛰어서 세어 보세요.

| 2 | 4 | | | |

→ ....

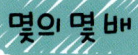 **몇의 몇 배**

4 그림을 보고 빈 곳에 알맞은 수를 써넣으세요.

6씩 .... 묶음 ➡ 6의 .... 배

➡ 6 + ... + ... + ... = ...

곱셈식 알아보기

5 사탕의 수를 덧셈식과 곱셈식으로 나타내세요.

덧셈식 ➡ 3 + 3 + 3 + ... + ... + ... +

= ....

곱셈식 ➡ 3 × .... = ...

곱셈식으로 나타내기

6 곱셈식으로 나타내세요.

(1)

| 5씩 6묶음은 30입니다. |

➡ .... × .... = ...

(2)

| 7의 9배는 63입니다. |

➡ .... × .... = ...

묶어 세기, 뛰어 세기

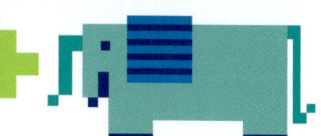

1

우유는 모두 몇 개인지 4씩 묶어 세어 보세요.

문제읽고

❶ 구하는 것에 밑줄 치고, 주어진 것에 ○표 하세요.

풀이쓰고

❷ 우유의 수를 4씩 묶어 세어 보세요.

4씩 .... 묶음입니다.

→ 4 - 8 - .... - .... - .... - ....

❸ 답을 쓰세요. 우유는 모두 .... 입니다.

2

빵은 모두 몇 개인지 3씩 묶어 세어 보세요.

문제읽고

❶ 구하는 것에 밑줄 치고, 주어진 것에 ○표 하세요.

풀이쓰고

❷ 빵의 수를 3씩 묶어 세어 보세요.

3씩 .... 묶음입니다.

→ 3 - .... - .... - .... - ....

❸ 답을 쓰세요. 빵은 모두 .... 입니다.

3

토끼가 ⟨5씩 4번 뛰었습니다.⟩
토끼가 도착한 곳에 쓰여 있는 수는 몇일까요?

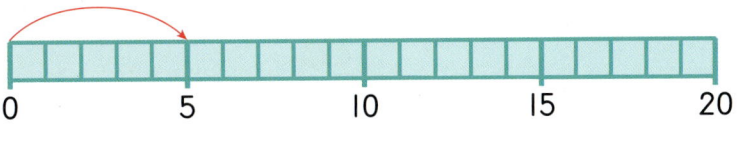

문제읽고

❶ 구하는 것에 밑줄 치고, 주어진 것에 ○표 하세요.

❷ 토끼가 도착한 곳에 쓰여 있는 수가 몇인지 구하려면 어떻게 해야 하나요?

그림에 .... 씩 .... 번 뛰어 세어 나타냅니다.

풀이쓰고

❸ 5씩 4번 뛰어 세어 화살표로 나타내세요.

→ 5씩 4번 뛰어 세면 .... 입니다.

❹ 답을 쓰세요. 토끼가 도착한 곳에 쓰여 있는 수는 .... 입니다.

4

2씩 7번 뛰어 세면 얼마일까요?

문제읽고

❶ 무엇을 구하는 문제인가요? 구하는 것에 밑줄 치세요.

❷ 2씩 7번 뛰어 세면 얼마인지 구하려면 어떻게 해야 하나요?

그림에 .... 씩 .... 번 뛰어 세어 나타냅니다.

풀이쓰고

❸ 2씩 7번 뛰어 세어 화살표로 나타내세요.

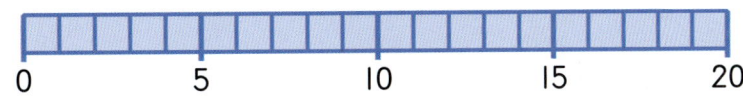

❹ 답을 쓰세요. 2씩 7번 뛰어 세면 .... 입니다.

1 초콜릿은 모두 몇 개인지
6씩 묶어 세어 보세요.

문제읽기 CHECK

☐ 구하는 것에 밑줄,
주어진 것에 ○표!

☐ 초콜릿을 세는 방법은?
.... 씩 묶어 세기

풀이 초콜릿의 수를 6씩 묶어 나타내면

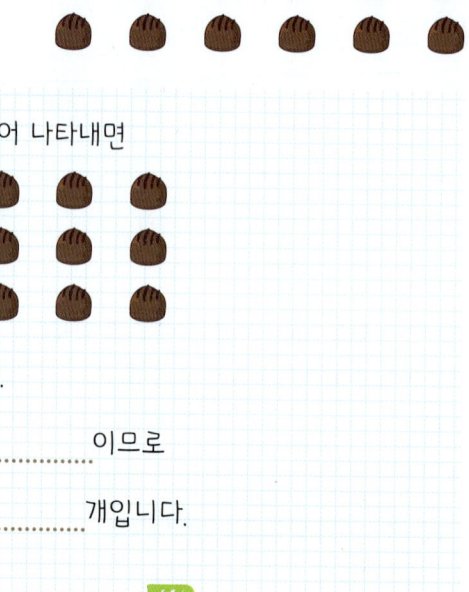

6씩 .... 묶음입니다.

→ 6 - .... - .... 이므로

초콜릿은 모두 .... 개입니다.

답 ....

2 연정이네 반 학생들을 한 모둠에 4명씩 짝을 지어 모둠을 만들었습니다. 연정이네 반 학생은 몇 모둠이 되고, 모두 몇 명일까요?

문제읽기 CHECK

☐ 구하는 것에 밑줄,
주어진 것에 ○표!

☐ 한 모둠에 학생은?
.... 명씩

풀이 ❶ 위의 그림에 학생 수를 4씩 묶어 나타내세요. 몇 모둠이 되나요?

❷ 연정이네 반 학생은 모두 몇 명인지 구하세요.

답 .... , ...

3 3씩 4번 뛰어 세면 얼마일까요?

풀이 ❶ 3씩 4번 뛰어 세어 화살표로 나타내세요.

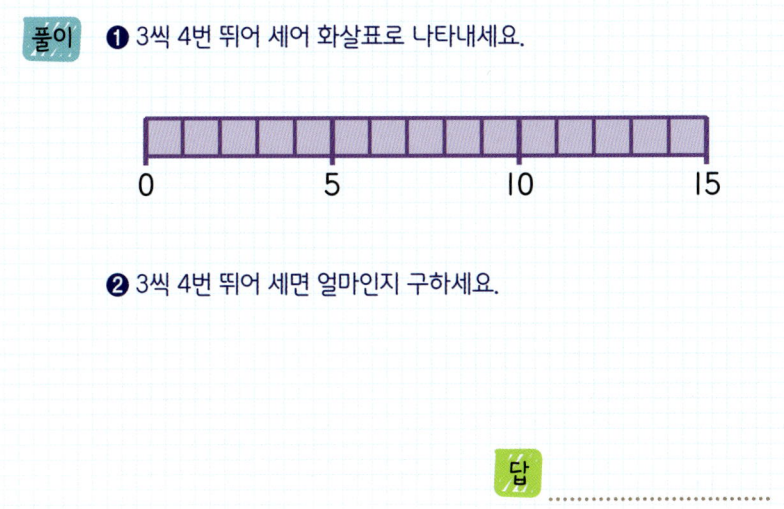

❷ 3씩 4번 뛰어 세면 얼마인지 구하세요.

답 ....

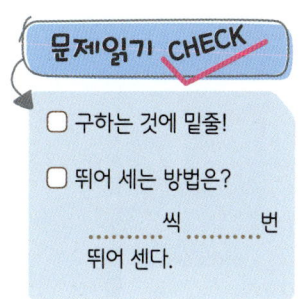
문제읽기 CHECK

☐ 구하는 것에 밑줄!

☐ 뛰어 세는 방법은?
.............씩 ....번
뛰어 센다.

도전!

4 야구공은 모두 몇 개인지 2가지 방법으로 묶어 세어 보세요.

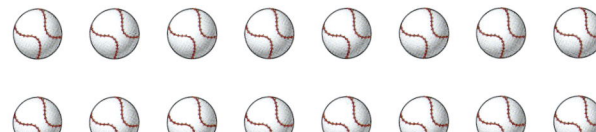

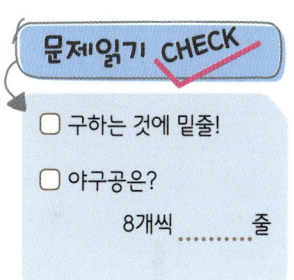
문제읽기 CHECK

☐ 구하는 것에 밑줄!

☐ 야구공은?
8개씩 ....줄

풀이 ❶ 야구공의 수를 묶어 세어 보세요.

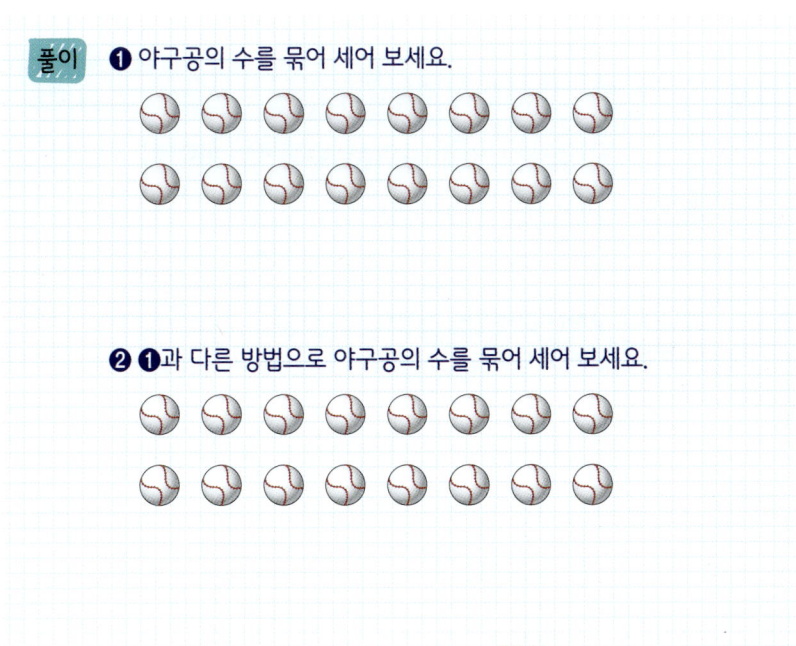

❷ ❶과 다른 방법으로 야구공의 수를 묶어 세어 보세요.

답 ....

곱셈식으로 나타내기

1

한 묶음에 ⑧개씩 들어 있는 참외가 ③묶음 있습니다.
참외는 모두 몇 개인지 덧셈식과 곱셈식으로 나타내어 구하세요.

문제읽고

❶ 무엇을 구하는 문제인가요? 구하는 것에 밑줄 치세요.
❷ 주어진 것은 무엇인가요? ○표 하고 답하세요.

참외 : .... 개씩 .... 묶음 ➡ .... 의 .... 배

풀이쓰고

❸ 참외의 수를 덧셈식과 곱셈식으로 나타내세요.

[덧셈식] 8 + ... + ... = ...

[곱셈식] .... × .... = ...

❹ 답을 쓰세요. 참외는 모두 .... 입니다.

한번 더 OK

2

운동장에 두발자전거 **7**대가 세워져 있습니다.
운동장에 세워져 있는 두발자전거의 바퀴는 모두 몇 개인지
덧셈식과 곱셈식으로 나타내어 구하세요.

문제읽고

❶ 무엇을 구하는 문제인가요? 구하는 것에 밑줄 치세요.
❷ 주어진 것은 무엇인가요? ○표 하고 답하세요.

바퀴 2개씩 .... 대 ➡ .... 의 .... 배

풀이쓰고

❸ 두발자전거의 바퀴 수를 덧셈식과 곱셈식으로 나타내세요.

[덧셈식] 2 + ... + ... + ... + ... + ... + ... = ...

[곱셈식] .... × .... = ...

❹ 답을 쓰세요. 두발자전거의 바퀴는 모두 .... 입니다.

대표문제 3

성빈이는 구슬 ③개를 가지고 있고,
설희는 성빈이가 가지고 있는 구슬의 ⑤배를 가지고 있습니다.
설희는 구슬을 몇 개 가지고 있는지
덧셈식과 곱셈식으로 나타내어 구하세요.

[문제읽고]

❶ 무엇을 구하는 문제인가요? 구하는 것에 밑줄 치세요.
❷ 주어진 것은 무엇인가요? ○표 하고 답하세요.

성빈 : .... 개, 설희 : 성빈이의 .... 배 ➡ .... 의 .... 배

[풀이쓰고]

❸ 설희의 구슬 수를 덧셈식과 곱셈식으로 나타내세요.

[덧셈식] .... + ... + ... + ... + ... = ...

[곱셈식] .... × .... = ...

❹ 답을 쓰세요.   설희는 구슬을 .... 가지고 있습니다.

한번 더 OK 4

책상 위에 지우개와 자가 놓여 있습니다.
지우개는 5개 있고, 자는 지우개의 4배만큼 있습니다.
자는 모두 몇 개인지 덧셈식과 곱셈식으로 나타내어 구하세요.

[문제읽고]

❶ 무엇을 구하는 문제인가요? 구하는 것에 밑줄 치세요.
❷ 주어진 것은 무엇인가요? ○표 하고 답하세요.

지우개 : .... 개, 자 : 지우개의 .... 배 ➡ .... 의 .... 배

[풀이쓰고]

❸ 자의 수를 덧셈식과 곱셈식으로 나타내세요.

[덧셈식] .... + ... + ... + ... = ...

[곱셈식] .... × .... = ...

❹ 답을 쓰세요.   자는 모두 .... 입니다.

1 풍선을 6명의 어린이에게 6개씩 나누어 주었습니다. 풍선은 모두 몇 개인지 덧셈식과 곱셈식으로 나타내어 구하세요.

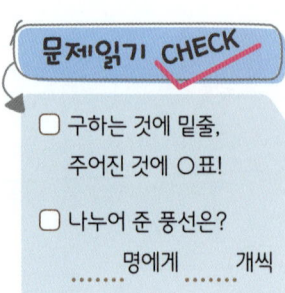
풀이 풍선의 수는 6의 .... 배입니다.

[덧셈식] ....

= .... (개)

[곱셈식] ....

= .... (개)

답 ....

2 은빈이는 스케치북에 ♥ 모양과 ★ 모양을 그렸습니다. ♥ 모양은 7개를 그리고, ★ 모양은 ♥ 모양 수의 2배만큼 그렸습니다. ★ 모양은 몇 개 그렸는지 덧셈식과 곱셈식으로 나타내어 구하세요.

풀이

답 ....

3 영진이는 색종이로 네 잎 클로버 8개를 만들었습니다. 잎은 모두 몇 장인지 덧셈식과 곱셈식으로 나타내어 구하세요.

문제읽기 CHECK

☐ 구하는 것에 밑줄,
　주어진 것에 ○표!

☐ 네 잎 클로버 1개는?
　　　　　잎이 **4** 장

☐ 만든 네 잎 클로버는?
　　　　　　　　개

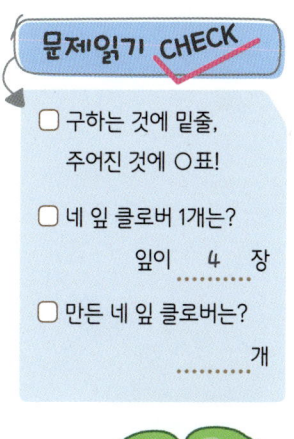

풀이

답

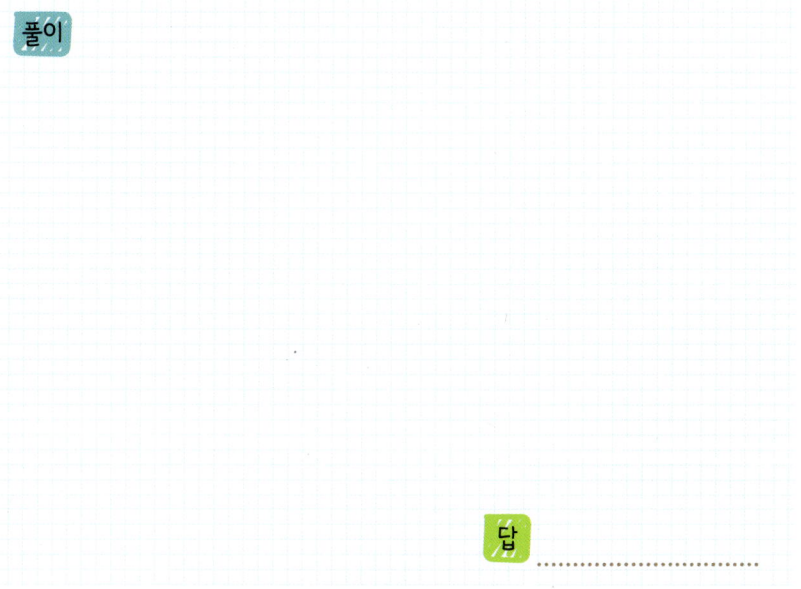

4 희찬이는 9살이고 아버지 나이는 희찬이 나이의 5배입니다. 희찬이 아버지의 나이는 몇 살인지 덧셈식과 곱셈식으로 나타내어 구하세요.

문제읽기 CHECK

☐ 구하는 것에 밑줄,
　주어진 것에 ○표!

☐ 희찬이는? 　　　　살

☐ 아버지는?
　　　　9살의 　　　 배

풀이

답

문장제 서술형 평가

1 젤리의 수를 6씩 묶어 세어 보세요. 몇 묶음이 되고, 모두 몇 개일까요? **(5점)**

풀이

답 _____ , ...

2 9씩 2번 뛰어 세면 얼마일까요? **(5점)**

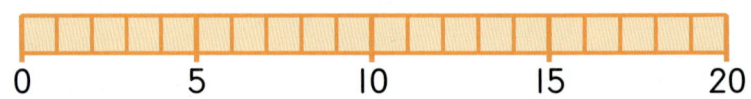

풀이

답 ....

3 어머니께서 단호박과 가지를 사 오셨습니다. 가지의 수는 단호박의 수의 몇 배일까요? **(5점)**

풀이

답 ....

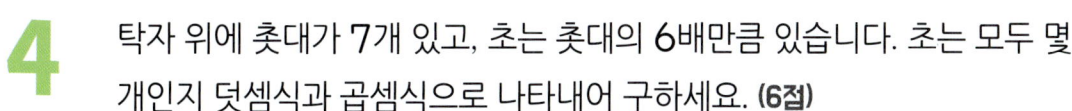

4 탁자 위에 촛대가 7개 있고, 초는 촛대의 6배만큼 있습니다. 초는 모두 몇 개인지 덧셈식과 곱셈식으로 나타내어 구하세요. **(6점)**

풀이

답 ·······················

5 8명이 한 팀이 되어 줄다리기를 하려고 합니다. 줄다리기에 7팀이 참가한다면 줄다리기를 하는 사람은 모두 몇 명인지 덧셈식과 곱셈식으로 나타내어 구하세요. **(6점)**

풀이

답 ·······················

6 윤영이는 한 문제에 5점씩인 수학 문제를 풀어서 8문제를 맞혔습니다. 윤영이의 점수는 몇 점인지 덧셈식과 곱셈식으로 나타내어 구하세요. **(6점)**

풀이

답 ·······················

7 하음이네 집에서는 페트병 48개를 8개씩 묶어 재활용 쓰레기로 버리려고 합니다. 페트병을 몇 묶음까지 만들 수 있을까요? **(7점)**

풀이

답 ....

8 색종이를 동진이는 7장씩 5묶음 가지고 있고, 현정이는 4장씩 9묶음 가지고 있습니다. 누가 색종이를 몇 장 더 많이 가지고 있을까요? **(8점)**

풀이

답 .... , ...

쌍둥이 펭귄을 찾아 주세요

똑같은 펭귄 두 마리를 찾아 ○표 해 주세요.

펭귄 친구들이 9마리 있어요.
이 중에 똑같이 생긴 쌍둥이 펭귄 두 마리가 있대요.
누가누가 똑같은지 두 눈을 크게 뜨고 찾아보세요.

3권 끝!
4권에서 만나요

기적의 수학 문장제

정답 풀이

초등 2학년

3 권

길벗스쿨

정답과 풀이

1. 세 자리 수

1 DAY 개념 확인하기

월   일

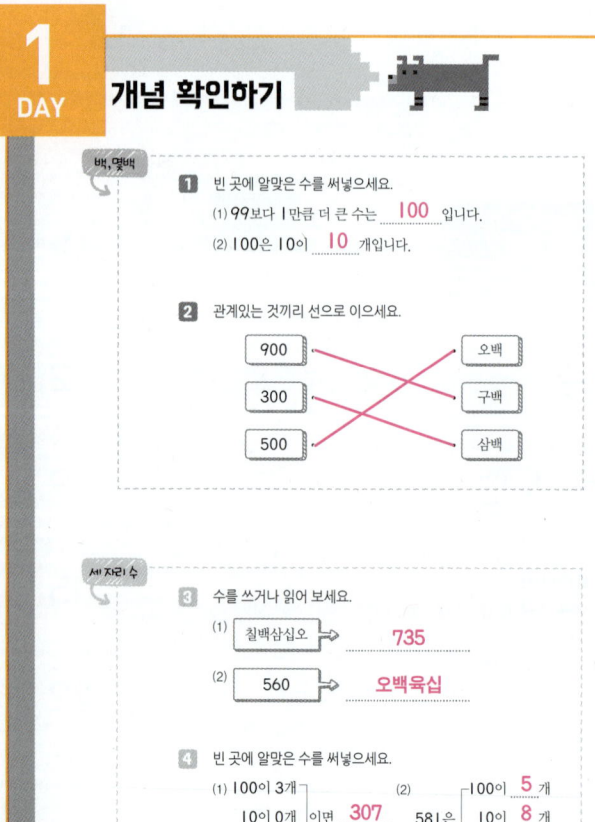

백, 몇백

1 빈 곳에 알맞은 수를 써넣으세요.

(1) 99보다 1만큼 더 큰 수는 ___100___ 입니다.

(2) 100은 10이 ___10___ 개입니다.

2 관계있는 것끼리 선으로 이으세요.

900		오백
300		구백
500		삼백

세 자리 수

3 수를 쓰거나 읽어 보세요.

(1) 칠백삼십오 → ___735___

(2) 560 → ___오백육십___

4 빈 곳에 알맞은 수를 써넣으세요.

(1) 100이 3개
10이 0개 이면 ___307___
1이 7개

(2) 581은
100이 ___5___ 개
10이 ___8___ 개
1이 ___1___ 개

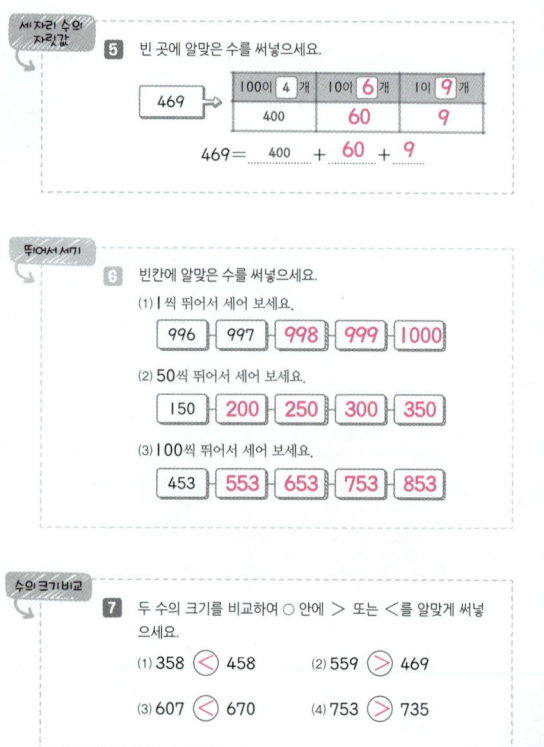

세 자리 수의 자릿값

5 빈 곳에 알맞은 수를 써넣으세요.

469	100이 **4**개	10이 **6**개	1이 **9**개
	400	**60**	**9**

469 = ___400___ + ___60___ + ___9___

뛰어서 세기

6 빈칸에 알맞은 수를 써넣으세요.

(1) 1씩 뛰어서 세어 보세요.

996 - 997 - **998** - **999** - **1000**

(2) 50씩 뛰어서 세어 보세요.

150 - **200** - **250** - **300** - **350**

(3) 100씩 뛰어서 세어 보세요.

453 - **553** - **653** - **753** - **853**

수의 크기 비교

7 두 수의 크기를 비교하여 ○ 안에 > 또는 <를 알맞게 써넣으세요.

(1) 358 ⟨<⟩ 458
(2) 559 ⟨>⟩ 469
(3) 607 ⟨<⟩ 670
(4) 753 ⟨>⟩ 735

14쪽

15쪽

2 DAY 세 자리 수 알아보기

대표문제 1

준이는 한 봉지에 10개씩 들어 있는 사탕을 10봉지 가지고 있습니다.
준이가 가지고 있는 사탕은 모두 몇 개일까요?

문제읽고

❶ 구하는 것에 밑줄 치고, 주어진 것에 ○표 하세요.
❷ 알고 있는 것은 무엇인가요? 알맞게 답하세요.
10이 10개이면 **100** 입니다.

풀이쓰고

❸ 사탕은 모두 몇 개인지 구하세요.
사탕이 한 봉지에 10개씩 **10** 봉지 있으므로 **100** 개입니다.
❹ 답을 쓰세요.
준이가 가지고 있는 사탕은 모두 **100개** 입니다.
단위쓰기

한번더 OK 2

서연이는 한 상자에 100장씩 들어 있는 그림 카드를
5상자 가지고 있습니다.
서연이가 가지고 있는 그림 카드는 모두 몇 장일까요?

문제읽고

❶ 구하는 것에 밑줄 치고, 주어진 것에 ○표 하세요.
❷ 알고 있는 것은 무엇인가요? 알맞게 답하세요.
100이 5개이면 **500** 입니다.

풀이쓰고

❸ 그림 카드는 모두 몇 장인지 구하세요.
그림 카드가 한 상자에 100장씩 **5** 상자 있으므로 **500** 장입니다.
❹ 답을 쓰세요.
서연이가 가지고 있는 그림 카드는 모두 **500장** 입니다.

16쪽

대표문제 3

과일 가게에 사과가 100개씩 4상자, 10개씩 3봉지에 담겨 있고,
낱개로 6개 있습니다. 사과는 모두 몇 개일까요?

문제읽고

❶ 무엇을 구하는 문제인가요? 구하는 것에 밑줄 치세요.
❷ 주어진 것은 무엇인가요? ○표하고 답하세요.
100개씩 **4** 상자, 10개씩 **3** 봉지, 낱개 **6** 개

풀이쓰고

❸ 사과는 모두 몇 개인지 구하세요.
사과는 100개씩 **4** 상자 → **400** 개
       10개씩 **3** 봉지 → **30** 개
       낱개   **6** 개   →   **6** 개
                            436 개

❹ 답을 쓰세요.   사과는 모두 **436개** 입니다.

한번더 UP 4

선규는 100원짜리 동전 7개, 50원짜리 동전 3개,
10원짜리 동전 3개를 가지고 있습니다.
선규가 가진 동전은 모두 얼마일까요?

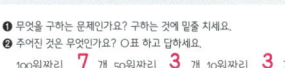

문제읽고

❶ 무엇을 구하는 문제인가요? 구하는 것에 밑줄 치세요.
❷ 주어진 것은 무엇인가요? ○표 하고 답하세요.
100원짜리 **7** 개, 50원짜리 **3** 개, 10원짜리 **3** 개

풀이쓰고

❸ 동전은 모두 얼마인지 구하세요.
동전은 100원짜리 **7** 개 → **700** 원
       50원짜리   **3** 개 → **150** 원
       10원짜리   **3** 개 → **30** 원
                             880 원

❹ 답을 쓰세요.   선규가 가진 동전은 모두 **880원** 입니다.

17쪽

1

수 모형이 나타내는 수는 얼마일까요?

문제읽기 CHECK

☐ 구하는 것에 밑줄!
☐ 백 모형은? **5** 개
☐ 십 모형은? **4** 개
☐ 일 모형은? **9** 개

풀이 백 모형 **5** 개 → **500**
       십 모형 **4** 개 → **40**
       일 모형 **9** 개 → **9**
                          549

답 **549**

2

농장에서 캔 감자를 100개씩 6상자에 담고 10개씩 7바구니
에 담았더니 2개가 남았습니다. 캔 감자는 모두 몇 개일까요?

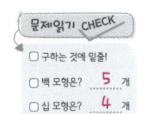

풀이
100개씩 6상자 → 600개
10개씩 7바구니 → 70개
낱개 2개 → 2개
          672개

문제읽기 CHECK

☐ 구하는 것에 밑줄,
   주어진 것에 ○표!
☐ 100개씩 담은 것은?
                6 상자
☐ 10개씩 담은 것은?
                7 바구니
☐ 남은 것은? **2** 개

답 **672개**

3

현수는 10장씩 묶여 있는 색종이 6묶음을 가지고 있습니다.
색종이가 100장이 되려면 몇 묶음이 더 필요할까요?

문제읽기 CHECK

☐ 구하는 것에 밑줄.
☐ 주어진 것에 ○표!
☐ 가지고 있는 색종이는?
   10장씩 **6** 묶음

풀이 ❶ 100장은 10장씩 몇 묶음일까요?

10이 10개이면 100이므로
100장은 10장씩 10묶음입니다.

❷ 색종이가 100장이 되려면 몇 묶음이 더 필요한지 구하세요.

가지고 있는 색종이가 10장씩 6묶음이므로
10장씩 10묶음이 되려면 4묶음이 더 필요합니다.

답 **4묶음**

4

문방구 창고에 공책이 100권씩 3묶음, 10권씩 6묶음, 낱개
18권 보관되어 있습니다. 문방구 창고에 보관되어 있는 공책
은 모두 몇 권일까요?

문제읽기 CHECK

☐ 구하는 것에 밑줄.
   주어진 것에 ○표!
☐ 창고에 있는 공책은?
   100권씩 **3** 묶음
   10권씩 **6** 묶음
   낱개 **18** 권

풀이 ❶ 낱개 18권은 10권씩 몇 묶음과 낱개 몇 권일까요?

낱개 18권은
10권씩 1묶음과 낱개 8권입니다.

❷ 문방구 창고에 보관되어 있는 공책은 모두 몇 권인지 구하세요.

100권씩 3묶음 → 300권
10권씩 7묶음 → 70권
낱개 8권 → 8권
          378권 답 **378권**

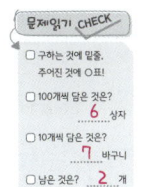

18쪽   **19쪽**

대표문제 1

435부터 100씩 3번 뛰어서 센 수는 얼마일까요?

문제읽고
① 무엇을 구하는 문제인가요? 구하는 것에 밑줄 치세요.
② 알고 있는 것은 무엇인가요?
100씩 뛰어서 세면 (**백** , 십 , 일)의 자리 수가 **1** 씩 커집니다.

풀이쓰고
③ 435부터 100씩 3번 뛰어서 세어 보세요.

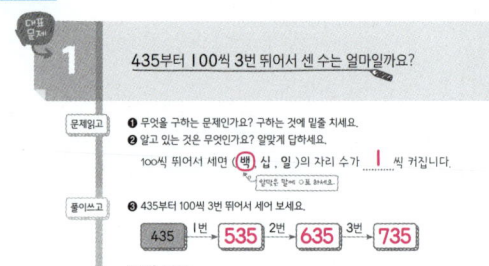

435 →[1번] **535** →[2번] **635** → **735**

④ 답을 쓰세요.
435부터 100씩 3번 뛰어서 센 수는 **735** 입니다.

더OK 2

육백이십사부터 10씩 6번 뛰어서 센 수는 얼마일까요?

문제읽고
① 무엇을 구하는 문제인가요? 구하는 것에 밑줄 치세요.
② 알고 있는 것은 무엇인가요? 알맞게 답하세요.
10씩 뛰어서 세면 (백 , **십** , 일)의 자리 수가 **1** 씩 커집니다.

풀이쓰고
③ 육백이십사를 숫자로 나타내세요. **624**
④ 육백이십사부터 10씩 6번 뛰어서 세어 보세요.

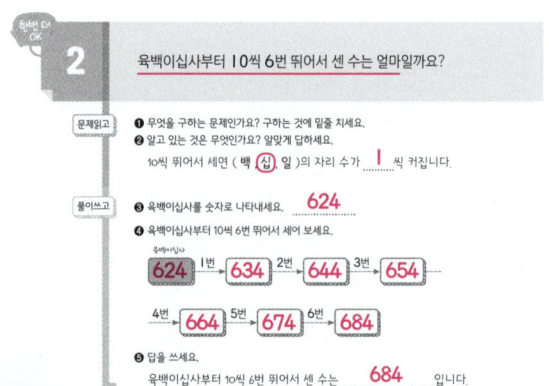

624 →[1번] **634** →[2번] **644** →[3번] **654**
[4번] **664** →[5번] **674** →[6번] **684**

⑤ 답을 쓰세요.
육백이십사부터 10씩 6번 뛰어서 센 수는 **684** 입니다.

20쪽

대표문제 3

규칙에 따라 뛰어서 셀 때 ㉠에 알맞은 수를 구하세요.

| 563 | 564 | 565 | | | ㉠ |

문제읽고
① 무엇을 구하는 문제인가요? 구하는 것에 밑줄 치세요.
② 변하는 자리의 숫자에 색칠하고, 몇씩 뛰어서 세는 규칙인지 찾아보세요.
563 - 564 - 56**5** ➡ (100 , 10 , **1**)씩 뛰어서 세는 규칙입니다.
③ 규칙에 따라 뛰어서 세어 보세요.

| 563 | 564 | 565 | **566** | **567** | **568** ㉠ |

④ 답을 쓰세요.
㉠에 알맞은 수는 **568** 입니다.

더OK 4

규칙에 따라 뛰어서 셀 때 ㉠과 ㉡에 알맞은 수는 각각 얼마일까요?

| 484 | 584 | ㉠ | 784 | 884 | ㉡ |

문제읽고
① 무엇을 구하는 문제인가요? 구하는 것에 밑줄 치세요.
② 변하는 자리의 숫자에 색칠하고, 몇씩 뛰어서 세는 규칙인지 찾아보세요.
484 - **5**84, **5**84 - **8**84 ➡ (**100** , 10 , 1)씩 뛰어서 세는 규칙입니다.
③ 규칙에 따라 뛰어서 세어 보세요.

| 484 | 584 | **684** | 784 | 884 | **984** |

④ 답을 쓰세요.
㉠에 알맞은 수는 **684** 이고,
㉡에 알맞은 수는 **984** 입니다.

21쪽

문장제 실력쌓기 2

1 327부터 10씩 5번 뛰어서 센 수는 얼마일까요?

풀이 327부터 10씩 5번 뛰어서 세면
327 - **337** - **347** - **357**
- **367** - **377**

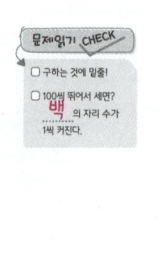
문제읽기 CHECK
☐ 구하는 것에 밑줄!
☐ 10씩 뛰어서 세면?
십 의 자리 수가
1 커진다.

답 **377**

3 보기 와 같은 규칙으로 뛰어서 세어 보세요.

보기 124 — 134 — 144 — 154

| 870 | **880** | **890** | **900** |

문제읽기 CHECK
☐ 구하는 것에 밑줄!
☐ 보기 에서 변하는 자리는?
(백 , **십** , 일)의 자리

풀이 ❶ 보기 의 뛰어서 세는 규칙을 찾아 쓰세요.
124 — 134 — 144 — 154는
10씩 뛰어서 세는 규칙입니다.
❷ 보기 와 같은 규칙으로 870부터 뛰어서 세어 위의 빈칸에 알맞은 수를 써넣으세요.
870부터 10씩 뛰어서 세면
870 — 880 — 890 — 900입니다.

2 100이 5개, 10이 2개, 1이 8개인 수부터 100씩 4번 뛰어서 센 수는 얼마일까요?

풀이 ❶ 100이 5개, 10이 2개, 1이 8개인 수는 얼마일까요?
528

❷ ❶에서 구한 수부터 100씩 4번 뛰어서 센 수는 얼마인지 구하세요.
528부터 100씩 4번 뛰어서 세면
528 — 628 — 728 — 828 — 928
입니다.

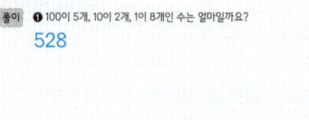
문제읽기 CHECK
☐ 구하는 것에 밑줄!
☐ 100씩 뛰어서 세면!
백 의 자리 수가
1 커진다.

답 **928**

4 규칙에 따라 뛰어서 셀 때 ㉠에 알맞은 수는 얼마일까요?

| 720 | 719 | 718 | | | ㉠ |

문제읽기 CHECK
☐ 구하는 것에 밑줄!
☐ 변하는 자리는?
(백 , 십 , **일**)의 자리

풀이 ❶ 뛰어서 세는 규칙을 찾아 쓰세요.
720 — 719 — 718은
1씩 거꾸로 뛰어서 세는 규칙입니다.

❷ ㉠에 알맞은 수를 구하세요.
720부터 1씩 거꾸로 뛰어서 세면
720 — 719 — 718 — 717 — 716 — 715
입니다.

답 **715**

22쪽   **23쪽**

4 DAY 수의 크기 비교

대표 문제 1

구슬을 민우네 모둠은 400개 지원이네 모둠은 387개
가지고 있습니다.
구슬을 어느 모둠이 더 많이 가지고 있을까요?

문제읽고
❶ 구하는 것에 밑줄 치고, 주어진 것에 ○표 하세요.
❷ 백의 자리 수가 다른 두 수의 크기 비교는 어떻게 해야 하나요?
　백의 자리 수가 다르면 (백 , 십 , 일)의 자리 수를 비교합니다.

풀이쓰고
❸ 구슬 수의 크기를 비교하여, >, <로 나타내고, 알맞은 말에 ○표 하세요.
　400 > 387이므로
　(민우네 , 지원이네) 모둠의 구슬 수가 더 큽니다.
❹ 답을 쓰세요.
　구슬을 ___민우네___ 모둠이 더 많이 가지고 있습니다.

현재 한 번 더 OK 2

사진이 여행 폴더에는 571장 일상 폴더에는 549장
저장되어 있습니다.
사진이 더 적게 저장되어 있는 것은 어느 폴더일까요?

문제읽고
❶ 구하는 것에 밑줄 치고, 주어진 것에 ○표 하세요.
❷ 백의 자리 수가 같은 두 수의 크기 비교는 어떻게 해야 하나요?
　백의 자리 수가 같으면 (백 , 십 , 일)의 자리 수를 비교합니다.

풀이쓰고
❸ 사진 수의 크기를 비교하여 >, <로 나타내고, 알맞은 말에 ○표 하세요.
　571 > 549이므로
　(여행 , 일상) 폴더에 있는 사진 수가 더 작습니다.
❹ 답을 쓰세요.
　사진이 더 적게 저장되어 있는 것은 ___일상___ 폴더입니다.

24쪽

대표 문제 3

과수원에서 배, 자두, 감을 땄습니다.
배는 362개 자두는 295개 감은 317개 땄습니다.
가장 적게 딴 과일은 무엇일까요?

문제읽고
❶ 무엇을 구하는 문제인가요? 구하는 것에 밑줄 치세요.
❷ 주어진 것은 무엇인가요? ○표 하고 답하세요.
　배 362 개, 자두 295 개, 감 317 개

풀이쓰고
❸ 배, 자두, 감의 수를 비교하여 작은 수부터 차례로 쓰세요.
　362, 295, 317을 작은 수부터 차례로 쓰면
　295 < 317 < 362 입니다.
　→ (배 , 자두 , 감)의 수가 가장 작습니다.
❹ 답을 쓰세요.
　가장 적게 딴 과일은 ___자두___ 입니다.

대표 문제 4

은행에서 승수는 250번 윤지는 199번 연우는 255번이
적혀 있는 번호표를 들고 있습니다.
번호표를 가장 늦게 뽑은 사람은 누구일까요?

문제읽고
❶ 구하는 것에 밑줄 치고, 주어진 것에 ○표 하세요.
❷ 번호표를 가장 늦게 뽑은 사람이 누구인지 알려면 어떻게 해야 하나요?
　세 수의 크기를 비교하여 가장 (큰 , 작은) 수를 찾습니다.

풀이쓰고
❸ 번호표의 세 수의 크기를 비교하여 큰 수부터 차례로 쓰세요.
　250, 199, 255를 큰 수부터 차례로 쓰면
　255 > 250 > 199 입니다.
　→ (승수 , 윤지 , 연우)의 번호표의 수가 가장 큽니다.
❹ 답을 쓰세요.
　번호표를 가장 늦게 뽑은 사람은 ___연우___ 입니다.

25쪽

문장제 실력쌓기 3

1 그림 카드를 원재는 654장 모았고, 진혜는 735장 모았습니다. 누가 그림 카드를 더 적게 모았을까요?

 6 < 7
654 < 735이므로

___원재___ 가 그림 카드를 더 적게 모았습니다.

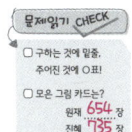 **문제읽기 CHECK**
□ 구하는 것에 밑줄, 주어진 것에 ○표!
□ 모은 그림 카드는?
　원재 654 장
　진혜 735 장

답 ___원재___

3 줄넘기를 가영이는 480번 현민이는 509번 해나는 476번 넘었습니다. 줄넘기를 가장 많이 넘은 사람은 누구일까요?

풀이 큰 수부터 차례로 쓰면
 5 > 4
509 > 480 > 476이므로
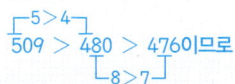 8 > 7
줄넘기를 가장 많이 넘은 사람은
현민입니다.

문제읽기 CHECK
□ 구하는 것에 밑줄, 주어진 것에 ○표!
□ 줄넘기 기록은?
　가영 480 번
　현민 509 번
　해나 476 번

답 ___현민___

2 도서관에 동화책이 382권 자연 과학책이 358권 있습니다. 동화책과 자연 과학책 중에서 어느 것이 더 많을까요?

풀이 382 > 358이므로
 8 > 5
동화책이 더 많습니다.

 **문제읽기 CHECK**
□ 구하는 것에 밑줄, 주어진 것에 ○표!
□ 동화책은? 382 권
□ 자연 과학책은? 358 권

답 ___동화책___

4 태주는 친구들과 바이킹을 타려고 했더니 키가 120 cm보다 커야 탈 수 있다고 합니다. 키가 태주는 117 cm, 선경이는 125 cm 용선이는 130 cm입니다. 세 사람 중에서 바이킹을 탈 수 없는 사람은 누구일까요?

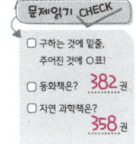

cm를 길이의 단위로 '센티미터'라고 읽습니다.

풀이 ❶ 세 사람의 키를 120 cm와 각각 비교하세요.
태주 : 117 < 120, 선경 : 125 > 120,
용선 : 130 > 120이므로
태주는 120 cm보다 작고,
선경이와 용선이는 120 cm보다 큽니다.
❷ 세 사람 중에서 바이킹을 탈 수 없는 사람은 누구인지 구하세요.
키가 120 cm보다 작은 태주가
바이킹을 탈 수 없습니다.

문제읽기 CHECK
□ 구하는 것에 밑줄, 주어진 것에 ○표!
□ 바이킹을 타려면? 120 cm보다 커야 한다.
□ 키는?
　태주 117 cm
　선경 125 cm
　용선 130 cm

답 ___태주___

26쪽

27쪽

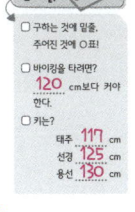

1 오른쪽 수 카드를 한 번씩만 사용하여 가장 큰 세 자리 수를 만들어 보세요.

문제읽고
❶ 구하는 것에 밑줄 치고, 주어진 것에 ○표 하세요.
❷ 가장 큰 세 자리 수를 만들려면 어떻게 해야 하나요?
백의 자리 수가 클수록 큰 수입니다.
➜ 높은 자리에 (**큰**, 작은) 수부터 차례로 놓습니다.

풀이쓰고
❸ 가장 큰 세 자리 수를 만드세요.
수 카드를 큰 수부터 쓰면 **7** > **2** > **0** 이므로

큰 수부터 차례로 놓으면 | 백 **7** | 십 **2** | 일 **0** | 입니다.

❹ 답을 쓰세요.
가장 큰 세 자리 수는 _____**720**_____ 입니다.

2 오른쪽 수 카드를 한 번씩만 사용하여 가장 작은 세 자리 수를 만들어 보세요.

문제읽고
❶ 구하는 것에 밑줄 치고, 주어진 것에 ○표 하세요.
❷ 가장 작은 세 자리 수를 만들려면 어떻게 해야 하나요?
백의 자리 수가 작을수록 작은 수입니다.
➜ 높은 자리에 (큰, **작은**) 수부터 차례로 놓습니다.

풀이쓰고
❸ 가장 작은 세 자리 수를 만드세요.
수 카드를 작은 수부터 쓰면 **3** < **4** < **9** 이므로

작은 수부터 차례로 놓으면 | 백 **3** | 십 **4** | 일 **9** | 입니다.

❹ 답을 쓰세요.
가장 작은 세 자리 수는 _____**349**_____ 입니다.

3 수 카드 4장 중에서 3장을 한 번씩만 사용하여 가장 작은 세 자리 수를 만들어 보세요.

문제읽고
❶ 구하는 것에 밑줄 치고, 주어진 것에 ○표 하세요.
❷ 수 카드에 0이 있을 때 가장 작은 수를 만들려면 어떻게 해야 하나요?
세 자리 수에서 0은 백의 자리에 올 수 없습니다.
➜ 백의 자리에 (가장, **두 번째로**) 작은 수를 놓습니다.

풀이쓰고
❸ 수 카드의 네 수의 크기를 비교하여 작은 수부터 차례로 쓰세요.
0 < **1** < **6** < **7**

❹ 가장 작은 세 자리 수를 만드세요.
백의 자리에 두 번째로 작은 수인 **1** 을 놓고,
작은 수부터 차례로 놓으면 _____**106**_____ 입니다.

❺ 답을 쓰세요.
가장 작은 세 자리 수는 _____**106**_____ 입니다.

기적 특강

수 카드에 0이 있는 경우에 가장 작은 세 자리 수는?
두 번째로 작은 수를 백의 자리에 놓아야 가장 작은 세 자리 수를 만듭니다.
예 수 카드 0, 5, 9로 가장 작은 세 자리 수 만들기

X | 0 | 5 | 9 | (두 자리 수)　　○ | 5 | 0 | 9 |

문장제 실력쌓기 4

1 수 카드를 한 번씩만 사용하여 가장 큰 세 자리 수를 만들어 보세요.

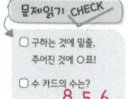

문제읽기 CHECK
☐ 구하는 것에 밑줄,
　주어진 것에 ○표!
☐ 수 카드의 수는?
　8, 5, 6

풀이 수 카드를 큰 수부터 쓰면 **8** > **6** > **5** 이므로
큰 수부터 차례로 놓으면 _____**865**_____ 입니다.

답 　**865**

2 수 카드를 한 번씩만 사용하여 가장 작은 세 자리 수를 만들어 보세요.

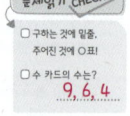

문제읽기 CHECK
☐ 구하는 것에 밑줄,
　주어진 것에 ○표!
☐ 수 카드의 수는?
　9, 6, 4

풀이 ❶ 수 카드의 세 수의 크기를 비교하여 작은 수부터 차례로 쓰세요.
4 < **6** < **9**

❷ 가장 작은 세 자리 수를 만드세요.
작은 수부터 차례로 놓으면 469입니다.

답 　**469**

3 수 카드 4장 중에서 3장을 한 번씩만 사용하여 가장 작은 세 자리 수를 만들어 보세요.

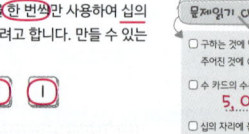

문제읽기 CHECK
☐ 구하는 것에 밑줄,
　주어진 것에 ○표!
☐ 수 카드의 수는?
　0, 8, 3, 2

풀이 ❶ 수 카드의 네 수의 크기를 비교하여 작은 수부터 차례로 쓰세요.
0 < **2** < **3** < **8**

❷ 백의 자리에 놓을 수 없는 수는 무엇일까요?
0

❸ 가장 작은 세 자리 수를 만드세요.
백의 자리에 두 번째로 작은 수인 2를 놓고,
작은 수부터 차례로 놓으면 203입니다.

답 　**203**

4 재은이는 수 카드 4장 중에서 3장을 한 번씩만 사용하여 십의 자리 숫자가 1인 세 자리 수를 만들려고 합니다. 만들 수 있는 수 중에서 가장 큰 수를 구하세요.

문제읽기 CHECK
☐ 구하는 것에 밑줄,
　주어진 것에 ○표!
☐ 수 카드의 수는?
　5, 0, 7, 1
☐ 십의 자리에 놓는 수는?
　1

풀이 ❶ 수 카드의 네 수의 크기를 비교하여 큰 수부터 차례로 쓰세요.
7 > **5** > **1** > **0**

❷ 십의 자리 숫자가 1인 가장 큰 세 자리 수를 구하세요.
십의 자리에 1을 놓고,
큰 수부터 차례로 놓으면 715입니다.

답 　**715**

월 일

1 풀이 ❶ 동전은 100원짜리 9개 → 900원
              10원짜리 3개 → 30원
              1원짜리 4개 →   4원
                         ❷ 934원

답 **934원**

채점기준
❶ 100원짜리, 10원짜리, 1원짜리 동전이 각각 얼마인지 구
하면 …………………………………………… 각 1점
❷ 책상 위에 놓여 있는 동전의 금액을 구하면 ……… 2점
5점

2 풀이 ❶ 십의 자리 수가 1씩 커졌으므로
10씩 뛰어서 세는 규칙입니다.
❷ 따라서 265에서 10 뛰어서 센 수는 275입니다.

답 **275**

채점기준
❶ 뛰어서 세는 규칙을 찾으면 ……………………… 3점
❷ 빈칸에 알맞은 수를 구하면 ……………………… 2점
5점

3 풀이 ❶ 100이 10개이면 1000이므로 100개는 10개씩 10상자입니다.
❷ 초콜릿이 한 상자에 10개씩 8상자 있으므로
100개가 되려면 2상자 더 필요합니다.

답 **2상자**

채점기준
❶ 100개는 10개씩 몇 상자인지 알면 ……………… 2점
❷ 더 필요한 초콜릿 상자의 수를 구하면 …………… 3점
5점

4 풀이 ❶ ㉮ 제품 수와 ㉯ 제품 수의 크기를 비교하면
815>806입니다.
❷ 따라서 ㉯ 제품을 더 적게 만들었습니다.

답 **㉯ 제품**

채점기준
❶ ㉮ 제품 수와 ㉯ 제품 수의 크기를 비교하면 …… 3점
❷ 더 적게 만든 제품을 구하면 ……………………… 3점
6점

5 풀이 ❶ 수 카드를 큰 수부터 쓰면 8>7>3이므로
❷ 큰 수부터 차례로 놓으면 873입니다.

답 **873**

채점기준
❶ 수 카드의 세 수의 크기를 비교하면 ……………… 3점
❷ 가장 큰 세 자리 수를 만들면 ……………………… 3점
6점

6 풀이 ❶ 세 수 384, 349, 423의 크기를 비교하면
423>384>349입니다.
❷ 따라서 많이 사용한 풍선부터 차례로 쓰면
주황색 풍선, 노란색 풍선, 파란색 풍선입니다.

답 **주황색 풍선, 노란색 풍선, 파란색 풍선**

채점기준
❶ 세 수의 크기를 비교하면 ………………………… 4점
❷ 많이 사용한 풍선부터 차례로 쓰면 ……………… 3점
7점

주의 가장 많이 사용한 풍선이 아니라
많이 사용한 풍선부터 차례로 답을 써야 합니다.

32쪽   33쪽

7 풀이 ❶ 705보다 작은 수는
704, 703, 702, 701, 700, 699……입니다.
❷ 이 중에서 백의 자리 수가 7인 수는
704, 703, 702, 701, 700이므로 모두 5개입니다.

답 **5개**

채점기준

❶ 705보다 작은 수를 나열하면	3점
❷ 조건에 맞는 수의 개수를 구하면	4점
	7점

참고 705보다 작은 수는
705부터 1씩 거꾸로 뛰어서 세어 나열합니다.

8 풀이 ❶ 수 카드를 작은 수부터 쓰면 0＜4＜5＜9입니다.
❷ 0은 백의 자리에 올 수 없으므로
백의 자리에 두 번째로 작은 수인 4를 놓고,
❸ 작은 수부터 차례로 놓으면 405입니다.

답 **405**

채점기준

❶ 수 카드의 네 수의 크기를 비교하면	2점
❷ 백의 자리에 올 수를 구하면	3점
❸ 가장 작은 세 자리 수를 구하면	3점
	8점

주의 세 자리 수이므로 백의 자리에 0이 올 수 없습니다.

쉬어가기

선물을 찾아서

길을 찾아 선을 그어 주세요.

오늘은 행복한 크리스마스!
올해 크리스마스 선물은 무엇일까요?
선을 그어 크리스마스 트리 아래에 놓인 선물을 찾아 주세요.

35쪽

수고하셨습니다.
다음 단원으로
넘어갈까요?

34쪽

2. 여러 가지 도형

서술형 문제의 풀이, 이렇게 쓰면 만점!
그런데 너희가 쓴 풀이와 조금 다르다고?
또, 제시된 풀이와 다른 방법으로 풀었다고?
괜찮아. 중요한 설명이 모두 맞았다면 OK!

7 DAY 개념 확인하기

월   일

원

1 원을 모두 찾아 색칠하세요.

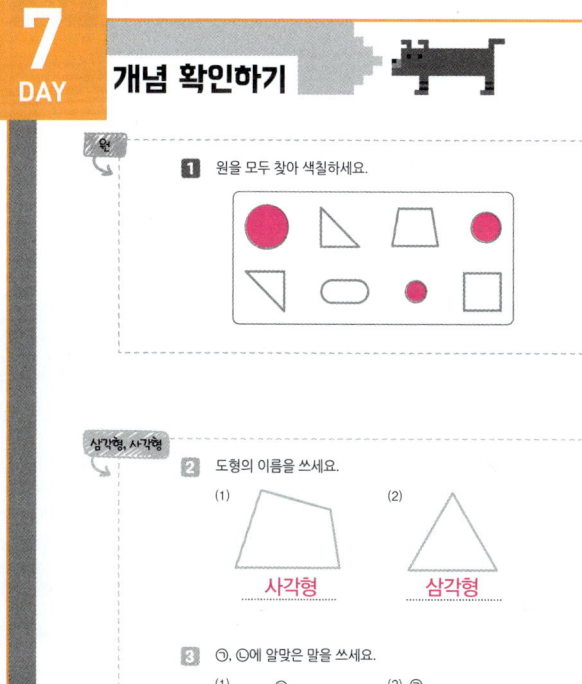

삼각형, 사각형

2 도형의 이름을 쓰세요.

(1) **사각형**

(2) **삼각형**

3 ㉠, ㉡에 알맞은 말을 쓰세요.

(1)
㉠ **변**
㉡ **꼭짓점**

(2)
㉠ **꼭짓점**
㉡ **변**

칠교판으로 모양 만들기

4 칠교판 조각이 삼각형 모양이면 △표, 사각형 모양이면 □표 하세요.

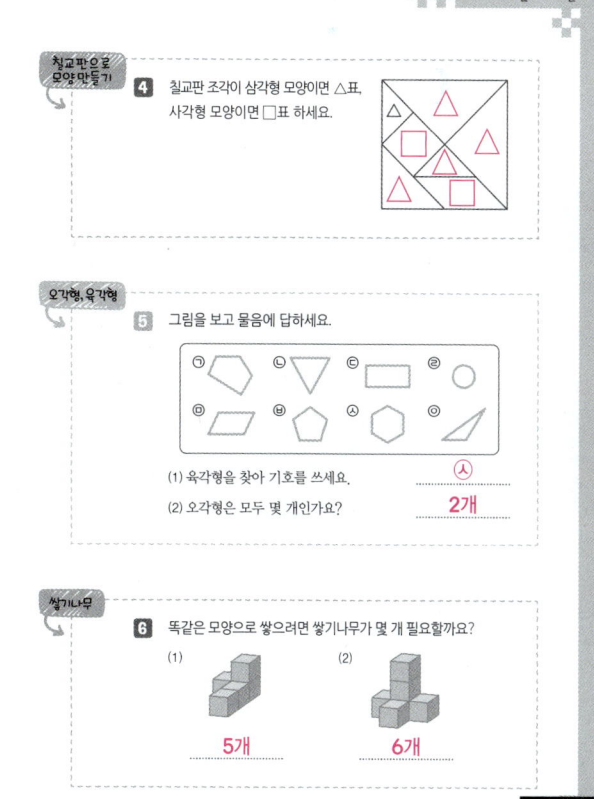

오각형, 육각형

5 그림을 보고 물음에 답하세요.

(1) 육각형을 찾아 기호를 쓰세요.   **㉐**

(2) 오각형은 모두 몇 개인가요?   **2개**

쌓기나무

6 똑같은 모양으로 쌓으려면 쌓기나무가 몇 개 필요할까요?

(1) **5개**

(2) **6개**

38쪽

39쪽

대표문제 1

진우가 사각형 3개를 그렸습니다.
그린 사각형 3개의 변은 모두 몇 개일까요?

문제읽고 ❶ 구하는 것에 밑줄 치고, 주어진 것에 ○표 하세요.

풀이쓰고 ❷ 사각형은 변이 몇 개인가요?   **4** 개

❸ 사각형 3개를 그리면 변은 모두 몇 개인지 구하세요.
(변의 수의 합) = **4** + **4** + **4** = **12** (개)

❹ 답을 쓰세요.
진우가 그린 사각형 3개의 변은 모두   **12개**   입니다.

한번 더 OK 2

육각형은 삼각형보다 꼭짓점이 몇 개 더 많을까요?

문제읽고 ❶ 무엇을 구하는 문제인가요? 구하는 것에 밑줄 치세요.

풀이쓰고 ❷ 육각형과 삼각형은 꼭짓점이 각각 몇 개인가요?
육각형의 꼭짓점 **6** 개, 삼각형의 꼭짓점 **3** 개

❸ 육각형과 삼각형의 꼭짓점 수의 차를 구하세요.
(육각형의 꼭짓점 수) - (삼각형의 꼭짓점 수)
= **6** - **3** = **3** (개)

❹ 답을 쓰세요.
육각형은 삼각형보다 꼭짓점이   **3개**   더 많습니다.

대표문제 3

삼각형의 꼭짓점의 수와 사각형의 변의 수의 합을 구하세요.

문제읽고 ❶ 무엇을 구하는 문제인가요? 구하는 것에 밑줄 치세요.

풀이쓰고 ❷ 삼각형의 꼭짓점의 수, 사각형의 변의 수는 각각 얼마인가요?
삼각형의 꼭짓점의 수 **3** , 사각형의 변의 수 **4**

❸ 삼각형의 꼭짓점의 수와 사각형의 변의 수의 합을 구하세요.
(삼각형의 꼭짓점의 수) + (사각형의 변의 수)
= **3** + **4** = **7**

❹ 답을 쓰세요.
삼각형의 꼭짓점의 수와 사각형의 변의 수의 합은   **7**   입니다.

한단계 UP 4

♥, ★, ♣의 합을 구하세요.

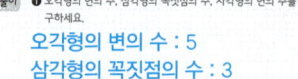
- 삼각형의 변은 ♥입니다.
- 오각형의 변은 ★입니다.
- 원의 꼭짓점은 ♣입니다.

문제읽고 ❶ 구하는 것에 밑줄 치고, 주어진 것에 ○표 하세요.

풀이쓰고 ❷ 도형의 변의 수, 꼭짓점의 수와 ♥, ★, ♣의 관계를 알아보세요.
삼각형은 변이 **3** 개이므로 ♥ = **3**
오각형은 변이 **5** 개이므로 ★ = **5**
원은 꼭짓점이 **0** 개이므로 ♣ = **0**

❸ ♥, ★, ♣의 합을 구하세요.
♥ + ★ + ♣ = **3** + **5** + **0** = **8**

❹ 답을 쓰세요. ♥, ★, ♣의 합은   **8**   입니다.

문장제 실력쌓기 1

1 책상 위에 삼각형 모양의 깃발이 4개 놓여 있습니다. 책상 위에 놓여 있는 깃발의 꼭짓점은 모두 몇 개일까요?

풀이 삼각형 1개에는 꼭짓점이 **3** 개 있으므로
삼각형 4개의 꼭짓점은 모두
3 + **3** + **3** + **3** = **12** (개)입니다.

답   **12개**

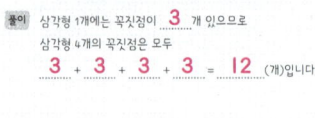
문제읽기 CHECK
- ☐ 구하는 것에 밑줄, 주어진 것에 ○표!
- ☐ 깃발 모양은?   **삼각형**
- ☐ 깃발은?   **4** 개

2 사각형은 육각형보다 변이 몇 개 더 적을까요?

풀이 ❶ 사각형과 육각형은 변이 각각 몇 개인가요?
사각형은 변이 4개이고,
육각형은 변이 6개입니다.

❷ 사각형은 육각형보다 변이 몇 개 더 적은지 구하세요.
사각형은 육각형보다
변이 6－4＝2(개) 더 적습니다.

답   **2개**

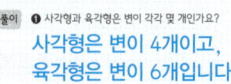
문제읽기 CHECK
- ☐ 구하는 것에 밑줄!
- ☐ 사각형은? ☐
- ☐ 육각형은? ⬡

3 오각형의 변의 수, 삼각형의 꼭짓점의 수, 사각형의 변의 수의 합은 얼마일까요?

풀이 ❶ 오각형의 변의 수, 삼각형의 꼭짓점의 수, 사각형의 변의 수를 각각 구하세요.
오각형의 변의 수 : 5
삼각형의 꼭짓점의 수 : 3
사각형의 변의 수 : 4

❷ 오각형의 변의 수, 삼각형의 꼭짓점의 수, 사각형의 변의 수의 합을 구하세요.
5＋3＋4＝12

답   **12**

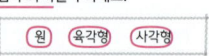
문제읽기 CHECK
- ☐ 구하는 것에 밑줄!
- ☐ 오각형은? ⬠
- ☐ 삼각형은? △
- ☐ 사각형은? ▢

4 다음 중 꼭짓점이 가장 많은 도형과 가장 적은 도형을 찾아 두 도형의 꼭짓점 수의 차를 구하세요.

⬤원   ⬡육각형   ▢사각형

풀이 ❶ 꼭짓점이 가장 많은 도형을 찾아 꼭짓점이 몇 개인지 쓰세요.
꼭짓점이 가장 많은 도형은
꼭짓점이 6인 육각형입니다.

❷ 꼭짓점이 가장 적은 도형을 찾아 꼭짓점이 몇 개인지 쓰세요.
꼭짓점이 가장 적은 도형은
꼭짓점이 0개인 원입니다.

❸ 꼭짓점이 가장 많은 도형과 가장 적은 도형의 꼭짓점 수의 차를 구하세요.
6－0＝6

답   **6**

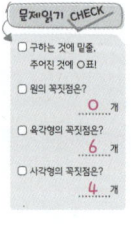
문제읽기 CHECK
- ☐ 구하는 것에 밑줄, 주어진 것에 ○표!
- ☐ 원의 꼭짓점은?   **0** 개
- ☐ 육각형의 꼭짓점은?   **6** 개
- ☐ 사각형의 꼭짓점은?   **4** 개

9 DAY 도형의 개수

대표문제 1

오른쪽 도형을 점선을 따라 자르면 어떤 도형이 몇 개 생길까요?

문제읽고 ❶ 구하는 것에 밑줄 치고, 주어진 것에 ○표 하세요.

풀이쓰고 ❷ 위의 도형을 점선을 따라 자른 모양을 알아보세요.

 → ①, ②, ③, ④는 모두 **삼** 각형이고 **4** 개입니다.

❸ 답을 쓰세요.
도형을 점선을 따라 자르면 **삼각형** 이 **4개** 생깁니다.

대표문제 3

오른쪽 도형에서 찾을 수 있는 크고 작은 사각형은 모두 몇 개일까요?

문제읽고 ❶ 무엇을 구하는 문제인가요? 구하는 것에 밑줄 치세요.
❷ 알고 있는 것은 무엇인가요? 알맞게 답하세요.
사각형은 곧은 선 **4** 개로 둘러싸인 도형입니다.

풀이쓰고 ❸ 작은 사각형으로 크고 작은 사각형을 만드세요.

작은 사각형 1개짜리	작은 사각형 2개짜리	작은 사각형 3개짜리
3 개	**2** 개	**1** 개

❹ 크고 작은 사각형은 모두 몇 개인지 구하세요.
3 + **2** + **1** = **6** (개)

❺ 답을 쓰세요.   크고 작은 사각형은 모두 **6개** 입니다.

더연습 2

오른쪽 도형을 점선을 따라 자르면 어떤 도형이 몇 개 생길까요?

문제읽고 ❶ 구하는 것에 밑줄 치고, 주어진 것에 ○표 하세요.

풀이쓰고 ❷ 위의 도형을 점선을 따라 자른 모양을 알아보세요.

 →
①, ③, ⑥는 **삼** 각형이고 **3** 개입니다.
②, ⑤는 **사** 각형이고 **2** 개입니다.

❸ 답을 쓰세요.
도형을 점선을 따라 자르면 **삼각형** 이 **3개** ,
사각형 이 **2개** 생깁니다.

더연습 4

오른쪽 도형에서 찾을 수 있는 크고 작은 사각형은 모두 몇 개일까요?

문제읽고 ❶ 무엇을 구하는 문제인가요? 구하는 것에 밑줄 치세요.

풀이쓰고 ❷ 작은 사각형으로 크고 작은 사각형을 만드세요.

작은 사각형 1개짜리	작은 사각형 2개짜리	작은 사각형 4개짜리
4 개	또는 **4** 개	**1** 개

❸ 크고 작은 사각형은 모두 몇 개인지 구하세요.
4 + **4** + **1** = **9** (개)

❹ 답을 쓰세요.   크고 작은 사각형은 모두 **9개** 입니다.

문장제 실력쌓기 2

1 오른쪽 도형을 점선을 따라 자르면 어떤 도형이 몇 개 생길까요?

문제읽기 CHECK
☐ 구하는 것에 밑줄, 주어진 것에 ○표!
☐ 도형을 자르면? **3** 조각

풀이 도형을 점선을 따라 자르면
모두 **사각형** 이고 **3** 개 생깁니다.

답 **사각형** , **3개**

3 오른쪽 도형에서 찾을 수 있는 크고 작은 사각형은 모두 몇 개일까요?

문제읽기 CHECK
☐ 구하는 것에 밑줄!
☐ 사각형은? 곧은 선 **4** 개로 둘러싸인 도형

풀이 ❶ 작은 사각형 1개, 2개, 3개, 4개로 만들 수 있는 크고 작은 사각형은 각각 몇 개인지 구하세요.
사각형 1개짜리 : **6** 개, 사각형 2개짜리 : **7** 개,
사각형 3개짜리 : **2** 개, 사각형 4개짜리 : **2** 개,
사각형 6개짜리 : **1** 개

❷ 크고 작은 사각형은 모두 몇 개인지 구하세요.
(크고 작은 사각형의 수)
= **6** + **7** + **2** + **2** + **1**
= **18** (개)

답 **18개**

2 오른쪽 칠교판을 선을 따라 잘랐을 때 삼각형은 사각형보다 몇 개 더 많이 생길까요?

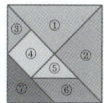

문제읽기 CHECK
☐ 구하는 것에 밑줄, 주어진 것에 ○표!
☐ 칠교판을 자르면? **7** 조각

풀이 ❶ 칠교판을 선을 따라 잘랐을 때 삼각형, 사각형은 각각 몇 개씩 생기는지 구하세요.
삼각형 : ①, ②, ③, ⑤, ⑦ → 5개
사각형 : ④, ⑥ → 2개

❷ 삼각형은 사각형보다 몇 개 더 많이 생기는지 구하세요.
삼각형은 사각형보다 5−2=3(개)
더 많이 생깁니다.

답 **3개**

4 오른쪽 도형에서 찾을 수 있는 크고 작은 삼각형은 모두 몇 개일까요?

문제읽기 CHECK
☐ 구하는 것에 밑줄!
☐ 삼각형은? 곧은 선 **3** 개로 둘러싸인 도형

풀이 ❶ 작은 삼각형 1개, 2개, 3개, 4개로 만들 수 있는 크고 작은 삼각형은 각각 몇 개인지 구하세요.
삼각형 1개짜리 : 4개, 삼각형 2개짜리 : 3개
삼각형 3개짜리 : 2개, 삼각형 4개짜리 : 1개

❷ 크고 작은 삼각형은 모두 몇 개인지 구하세요.
(크고 작은 삼각형의 수)=4+3+2+1=10(개)

답 **10개**

대표문제 1

오른쪽과 똑같은 모양으로 쌓으려면 쌓기나무가 몇 개 필요할까요?

문제읽고
❶ 무엇을 구하는 문제인가요? 구하는 것에 밑줄 치세요.
❷ 주어진 것은 무엇인가요? 알맞게 답하세요.
  쌓기나무가 __1__ 층과 __2__ 층에 쌓여 있습니다.

풀이쓰고
❸ 각 층의 쌓기나무 수를 세어 쌓기나무가 몇 개 필요한지 구하세요.

2층: __1__ 개
1층: __4__ 개 → __4__ + __1__ = __5__ (개)

❹ 답을 쓰세요.
  쌓기나무가 __5개__ 필요합니다.

쌍둥이문제 2

오른쪽과 똑같은 모양으로 쌓으려면 쌓기나무가 몇 개 필요할까요?

문제읽고
❶ 무엇을 구하는 문제인가요? 구하는 것에 밑줄 치세요.
❷ 주어진 것은 무엇인가요? 알맞게 답하세요.
  쌓기나무가 __1__ 층, __2__ 층, __3__ 층에 쌓여 있습니다.

풀이쓰고
❸ 각 층의 쌓기나무 수를 세어 쌓기나무가 몇 개 필요한지 구하세요.
  1층: __3__ 개, 2층: __1__ 개, 3층: __1__ 개
  → __3__ + __1__ + __1__ = __5__ (개)

❹ 답을 쓰세요.
  쌓기나무가 __5개__ 필요합니다.

`48쪽`

대표문제 3

선재와 민서는 쌓기나무로 오른쪽과 같은 모양을 만들었습니다. 누가 더 많은 쌓기나무를 사용했을까요?

 선재 민서

문제읽고
❶ 무엇을 구하는 문제인가요? 구하는 것에 밑줄 치세요.
❷ 선재와 민서는 쌓기나무를 어떻게 쌓았나요?
  선재: 1층에 __3__ 개, 2층에 __1__ 개, 3층에 __1__ 개
  민서: 1층에 __4__ 개, 2층에 __2__ 개

풀이쓰고
❸ 선재와 민서가 만든 모양의 쌓기나무는 각각 몇 개인지 구하세요.
  선재 __3__ + __1__ + __1__ = __5__ (개)
         1층 2층 3층
  민서 __4__ + __2__ = __6__ (개)
         1층 2층

❹ 선재와 민서가 만든 모양의 쌓기나무 수를 비교하세요.
  __5__ < __6__ 이므로
  (선재 , (민서))가 만든 모양의 쌓기나무 수가 더 많습니다.

❺ 답을 쓰세요.
  __민서__ 가 더 많은 쌓기나무를 사용했습니다.

기적 특강

보이지 않는 쌓기나무를 빠뜨리지 말자!
실제로 쌓여 있는 그림에 보이지 않는 쌓기나무가 있는지 확인하여 쌓기나무의 수를 세어야 합니다.

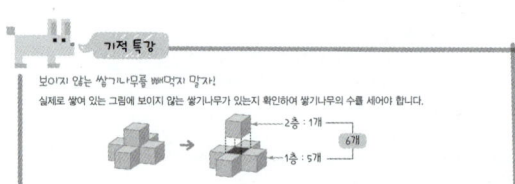

2층: 1개
1층: 5개 → 6개

`49쪽`

문장제 실력쌓기 3

1 오른쪽과 똑같은 모양으로 쌓으려면 쌓기나무가 몇 개 필요할까요?

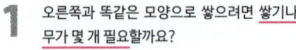

풀이 각 층의 쌓기나무를 세어 보면
  1층: __3__ 개, 2층: __2__ 개, 3층: __1__ 개
  → (필요한 쌓기나무 수)
    = __3+2+1__
    = __6__ (개)

문제읽기 CHECK
☐ 구하는 것에 밑줄!
☐ 쌓기나무를 쌓은 층은?
  __1__ 층, __2__ 층, __3__ 층

답 __6개__

2 오른쪽과 똑같은 모양으로 쌓으려면 쌓기나무가 몇 개 필요할까요?

풀이 ❶ 각 층의 쌓기나무는 몇 개인가요?
  __1층 : 4개, 2층 : 1개__

❷ 쌓기나무가 몇 개 필요한지 구하세요.
  __(필요한 쌓기나무 수)=4+1=5(개)__

문제읽기 CHECK
☐ 구하는 것에 밑줄!
☐ 쌓기나무를 쌓은 층은?
  __1__ 층, __2__ 층

답 __5개__

3 준형이는 ㉮와 같이 쌓기나무를 쌓았습니다. ㉯와 같은 모양으로 쌓기나무를 다시 쌓으려면 쌓기나무가 몇 개 더 필요할까요?

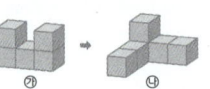 ㉮ ㉯

풀이 ❶ ㉮와 ㉯의 쌓기나무는 각각 몇 개인지 구하세요.
  __㉮ : 3+2=5(개), ㉯ : 5+1=6(개)__

❷ 쌓기나무가 몇 개 더 필요한지 구하세요.
  __6-5=1(개)__

문제읽기 CHECK
☐ 구하는 것에 밑줄!
☐ 쌓기나무를 쌓은 층은?
  ㉮: __1__ 층, __2__ 층
  ㉯: __1__ 층, __2__ 층

답 __1개__

4 현호와 솔비는 쌓기나무로 오른쪽과 같은 모양을 만들었습니다. 누가 쌓기나무를 몇 개 더 많이 사용했을까요?

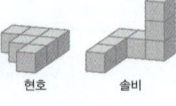 현호 솔비

풀이 ❶ 현호와 솔비가 만든 모양의 쌓기나무는 각각 몇 개인지 구하세요.
  __현호 : 6개, 솔비 : 5+1+1=7(개)__

❷ 누가 쌓기나무를 몇 개 더 많이 사용했는지 구하세요.
  __6 < 7이고 (쌓기나무 수의 차)=7-6=1(개)이므로__
  __솔비가 쌓기나무를 1개 더 많이 사용했습니다.__

문제읽기 CHECK
☐ 구하는 것에 밑줄!
☐ 쌓기나무를 쌓은 층은?
  현호: __1__ 층
  솔비: __1__ 층, __2__ 층, __3__ 층

답 __솔비__ , __1개__

`50쪽` `51쪽`

11 DAY 문장제 서술형 평가

1
❶ 쌓기나무가 1층에 5개, 2층에 1개 있습니다.
❷ 쌓기나무가 5+1=6(개) 필요합니다.

답 6개

채점기준
❶ 각 층에 놓인 쌓기나무의 수를 구하면	각 1점
❷ 필요한 쌓기나무의 수를 구하면	3점
	5점

4 풀이
❶ ㉮ : 4개, ㉯ : 5+1+1=7(개)
❷ 따라서 쌓기나무가 7-4=3(개) 더 필요합니다.

답 3개

채점기준
❶ ㉮와 ㉯의 쌓기나무의 수를 각각 구하면	각 2점
❷ 더 필요한 쌓기나무의 수를 구하면	2점
	6점

주의 보이지 않는 쌓기나무가 있는지 주의해야 합니다.

2 풀이

❶ 도형을 점선을 따라 자르면 ④와 ⑤는 삼각형이고,
①, ②, ③, ⑥, ⑦, ⑧은 사각형입니다.
❷ 따라서 사각형은 6개 생깁니다.

답 6개

채점기준
❶ 삼각형과 사각형을 구분하면	3점
❷ 점선을 따라 잘랐을 때 생기는 사각형의 수를 구하면	2점
	5점

5 풀이

❶ 삼각형 : ①, ②, ④, ⑤ → 4개
❷ 사각형 : ③ → 1개

답 삼각형 4개, 사각형 1개

채점기준
❶ 삼각형이 몇 개 생기는지 구하면	3점
❷ 사각형이 몇 개 생기는지 구하면	3점
	6점

3 풀이
❶ 육각형의 변의 수는 6, 삼각형의 꼭짓점의 수는 3입니다.
❷ 따라서 합은 6+3=9입니다.

답 9

채점기준
❶ 육각형의 변의 수와 삼각형의 꼭짓점의 수를 각각 구하면	각 2점
❷ 육각형의 변의 수와 삼각형의 꼭짓점의 수의 합을 구하면	2점
	6점

6 풀이
❶ 혜미 : 4+1=5(개), 종국 : 5+1=6(개)
❷ 따라서 혜미가 쌓기나무를 6-5=1(개) 더 적게 사용했습니다.

답 혜미, 1개

채점기준
❶ 혜미와 종국이가 쌓은 쌓기나무의 수를 각각 구하면	각 2점
❷ 누가 쌓기나무를 몇 개 더 적게 사용했는지 구하면	2점
	6점

52쪽   53쪽

7 풀이 ❶ 곧은 선들로 둘러싸인 도형은
꼭짓점의 수와 변의 수가 같습니다.
❷ 꼭짓점의 수와 변의 수가 같고
두 수의 합이 10이므로 5+5=10입니다.
따라서 꼭짓점과 변이 각각 5개인 오각형입니다.

답 **오각형**

채점기준

❶ 꼭짓점의 수와 변의 수가 같음을 알면	3점
❷ 어떤 도형인지 구하면	4점
	7점

8 풀이 ❶ 사각형 1개짜리 : 5개, 사각형 2개짜리 : 4개,
사각형 3개짜리 : 2개, 사각형 5개짜리 : 1개
❷ 따라서 크고 작은 사각형은 모두 5+4+2+1=12(개)입
니다.

답 **12개**

채점기준

❶ 작은 사각형의 개수에 따른 사각형의 수를 각각 구하면	4점
❷ 크고 작은 사각형의 수를 구하면	3점
	7점

주의 선을 따라 잘랐을 때 생기는 도형의 수를 구하는 문제가 아닙니다.

참고
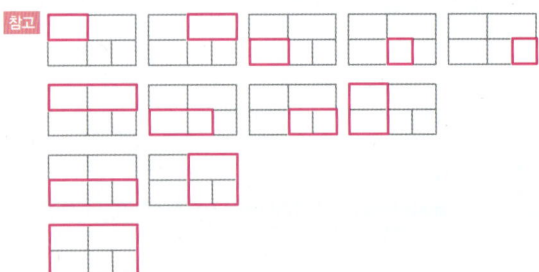

쉬어가기

수족관 나들이

숨은 그림 8개를 찾아 ○표 해 주세요.

커다란 상어, 작은 물고기, 물결 따라 넘실거리는 해초……
수족관에서 바닷속에 살고 있는 친구들을 관찰해요.
숨은 그림도 찾아볼까요?

돛단배, 럭비공, 뱀, 병, 새, 양말, 코끼리, 크리스마스 트리

55쪽

수고하셨습니다.
다음 단원으로
넘어갈까요?

3. 덧셈과 뺄셈

12 DAY 개념 확인하기

월   일

덧셈

1 그림을 보고 덧셈을 하세요.

$33+29=$ 62

2 덧셈을 하세요.

(1)
```
  1 7
+   7
  2 4
```

(2)
```
  6 4
+ 5 5
1 1 9
```

(3) $65+52=$ 117

(4) $32+98=$ 130

뺄셈

3 그림을 보고 뺄셈을 하세요.

$30-16=$ 14

4 뺄셈을 하세요.

(1)
```
  4 2
-   9
  3 3
```

(2)
```
  9 1
- 2 5
  6 6
```

(3) $53-27=$ 26

(4) $27-8=$ 19

덧셈과 뺄셈의 관계

5 덧셈식은 뺄셈식으로, 뺄셈식은 덧셈식으로 나타내세요.

(1) $35+27=62$ ➡
$62-35=27$
$62-27=35$

(2) $90-9=81$ ➡
$81+9=90$
$9+81=90$

□의 값 구하기

6 빈 곳에 알맞은 수를 써넣으세요.

(1)

6   14

20

$6+14=20$

(2)

25

13   12

$25-12=13$

세 수의 계산

7 계산을 하세요.

(1) $67-3-8=$ 56

(2) $36+17-22=$ 31

(3) $95-15+59=$ 139

58쪽

59쪽

13 DAY 합 구하기

1 혜지는 노란색 머리끈 ㊸개와 파란색 머리끈 ⑧개를 가지고 있습니다. 혜지가 가지고 있는 머리끈은 모두 몇 개일까요?

문제읽고
❶ 구하는 것에 밑줄 치고, 주어진 것에 〇표 하세요.
❷ 혜지가 가지고 있는 머리끈이 모두 몇 개인지 알려면 어떻게 해야 하나요?
　노란색 머리끈 **43** 개와 파란색 머리끈 **8** 개를 (**더합니다**, 뺍니다).

풀이쓰고
❸ 식을 쓰세요.
　(머리끈 수)= **43** ㊉ - **8** = **51** (개)
❹ 답을 쓰세요.
　혜지가 가지고 있는 머리끈은 모두 **51개** 입니다.

2 빵집에서 빵을 어제는 ㉖2개, 오늘은 ㉗4개 팔았습니다. 어제와 오늘 판 빵은 모두 몇 개일까요?

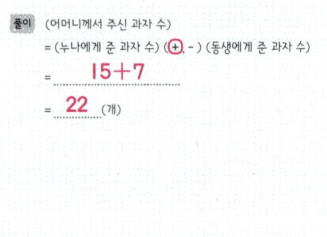

문제읽고
❶ 구하는 것에 밑줄 치고, 주어진 것에 〇표 하세요.
❷ 어제와 오늘 판 빵이 모두 몇 개인지 알려면 어떻게 해야 하나요?
　어제 판 빵 **62** 개와 오늘 판 빵 **74** 개를 (**더합니다**, 뺍니다).

풀이쓰고
❸ 식을 쓰세요.
　(빵의 수) = **62** ㊉ - **74** = **136** (개)
❹ 답을 쓰세요.
　어제와 오늘 판 빵은 모두 **136개** 입니다.

60쪽

3 아버지의 나이는 ㉘8살이고, 고모는 아버지보다 5살 더 많습니다. 고모의 나이는 몇 살일까요?

문제읽고
❶ 구하는 것에 밑줄 치고, 주어진 것에 〇표 하세요.
❷ 고모의 나이가 몇 살인지 알려면 어떻게 해야 하나요?
　아버지의 나이 **38** 살에 **5** 살을 (**더합니다**, 뺍니다).

풀이쓰고
❸ 식을 쓰세요.
　(고모의 나이) = **38** ㊉ - **5** = **43** (살)
❹ 답을 쓰세요.
　고모의 나이는 **43살** 입니다.

4 은비는 어제 동화책을 ㊋6쪽 읽고, 오늘은 어제보다 11쪽 더 많이 읽었습니다. 은비는 어제와 오늘 동화책을 모두 몇 쪽 읽었을까요?

문제읽고
❶ 구하는 것에 밑줄 치고, 주어진 것에 〇표 하세요.
❷ 오늘 읽은 쪽수를 알려면 어떻게 해야 하나요?
　어제 읽은 **56** 쪽에 오늘 더 읽은 **11** 쪽을 (**더합니다**, 뺍니다).

풀이쓰고
❸ 오늘 읽은 동화책은 몇 쪽인지 구하세요.
　56 ㊉ - **11** = **67** (쪽)
❹ 어제와 오늘 동화책을 모두 몇 쪽 읽었는지 구하세요.
　(어제 읽은 동화책 쪽수) ㊉ - (오늘 읽은 동화책 쪽수)
　= **56** ㊉ - **67** = **123** (쪽)
❺ 답을 쓰세요.
　은비는 어제와 오늘 동화책을 모두 **123쪽** 읽었습니다.

61쪽

문장제 실력쌓기 1

1 어머니께서 과자를 누나에게 15개, 동생에게 7개 주셨습니다. 어머니께서 주신 과자는 모두 몇 개일까요?

풀이 (어머니께서 주신 과자 수)
　= (누나에게 준 과자 수) ㊉ - (동생에게 준 과자 수)
　= **15+7**
　= **22** (개)

문제읽기 CHECK
☐ 구하는 것에 밑줄, 주어진 것에 〇표!
☐ 누나에게 준 과자는? **15** 개
☐ 동생에게 준 과자는? **7** 개

답 **22개**

2 과수원에서 사과를 78개, 배를 47개 따서 상자에 담았습니다. 상자에 담은 사과와 배는 모두 몇 개일까요?

풀이 **(사과와 배의 수)**
　= (사과의 수) + (배의 수)
　= 78+47
　= 125(개)

문제읽기 CHECK
☐ 구하는 것에 밑줄, 주어진 것에 〇표!
☐ 사과는? **78** 개
☐ 배는? **47** 개

답 125개

62쪽

3 양계장에서 어제 닭이 낳은 달걀은 55개였습니다. 오늘은 어제보다 19개 더 많이 낳았습니다. 오늘 닭이 낳은 달걀은 몇 개일까요?

풀이 **(오늘 낳은 달걀 수)**
　= (어제 낳은 달걀 수) + (더 낳은 달걀 수)
　= 55+19
　= 74(개)

문제읽기 CHECK
☐ 구하는 것에 밑줄, 주어진 것에 〇표!
☐ 어제 낳은 달걀은? **55** 개
☐ 오늘은? 어제보다 **19** 개 더 많이 낳았다.

답 **74개**

4 건우네 학교 2학년 여학생은 64명이고, 남학생은 여학생보다 22명 더 많습니다. 건우네 학교 2학년 학생은 모두 몇 명일까요?

풀이 ❶ 건우네 학교 2학년 남학생은 몇 명인지 구하세요.
　(2학년 남학생 수)=(여학생 수)+22
　=64+22
　=86(명)
❷ 건우네 학교 2학년 학생은 모두 몇 명인지 구하세요.
　(2학년 학생 수)=(여학생 수)+(남학생 수)
　=64+86
　=150(명)

문제읽기 CHECK
☐ 구하는 것에 밑줄, 주어진 것에 〇표!
☐ 여학생은? **64** 명
☐ 남학생은? 여학생보다 **22** 명 더 많다.

답 **150명**

63쪽

14 DAY

차 구하기

1

놀이공원 동물 열차에 22명이 타고 있었는데 9명이 내렸습니다. 동물 열차에 남아 있는 사람은 몇 명일까요?

문제읽고
❶ 구하는 것에 밑줄 치고, 주어진 것에 ○표 하세요.
❷ 동물 열차에 남아 있는 사람이 몇 명인지 알려면 어떻게 해야 하나요?
동물 열차에 타고 있던 사람 __22__ 명에서 내린 사람 __9__ 명을 (더합니다 뺍니다).

풀이쓰고
❸ 식을 쓰세요.
(남아 있는 사람 수) = __22__ (+ ⊖) __9__ = __13__ (명)
❹ 답을 쓰세요.
동물 열차에 남아 있는 사람은 __13명__ 입니다.

3

체육관에 배구공이 75개 있고, 농구공은 배구공보다 8개 더 적게 있습니다. 체육관에 농구공은 몇 개 있을까요?

문제읽고
❶ 구하는 것에 밑줄 치고, 주어진 것에 ○표 하세요.
❷ 체육관에 농구공이 몇 개 있는지 알려면 어떻게 해야 하나요?
배구공 __75__ 개에서 차이가 나는 개수 __8__ 개를 (더합니다 뺍니다).

풀이쓰고
❸ 식을 쓰세요.
(농구공 수) = __75__ (+ ⊖) __8__ = __67__ (개)
❹ 답을 쓰세요.
체육관에 농구공은 __67개__ 있습니다.

2

가은이네 집에 있는 40권의 책 중에서 13권은 역사책이고 나머지는 동화책입니다. 동화책은 몇 권일까요?

문제읽고
❶ 구하는 것에 밑줄 치고, 주어진 것에 ○표 하세요.
❷ 동화책이 몇 권인지 알려면 어떻게 해야 하나요?
전체 책 __40__ 권에서 역사책 __13__ 권을 (더합니다 뺍니다)

풀이쓰고
❸ 식을 쓰세요.
(동화책 수) = __40__ (+ ⊖) __13__ = __27__ (권)
❹ 답을 쓰세요.
동화책은 __27권__ 입니다.

4

윤재는 친구들과 구슬치기를 하여 구슬 54개 중에서 15개를 잃었고, 동생 성재는 구슬을 36개 가지고 있습니다. 누가 구슬을 몇 개 더 많이 가지고 있을까요?

문제읽고
❶ 구하는 것에 밑줄 치고, 주어진 것에 ○표 하세요.

풀이쓰고
❷ 윤재가 구슬치기를 하고 난 다음 구슬은 몇 개인지 구하세요.
__54__ (+ ⊖) __15__ = __39__ (개)
❸ 윤재와 성재의 구슬 수를 비교하고, 두 구슬 수의 차를 구하세요.
__39__ (>) 36이므로 (윤재 성재)가 더 많이 가지고 있습니다.
(두 구슬 수의 차) = __39__ (+ ⊖) __36__ = __3__ (개)
❹ 답을 쓰세요.
__윤재__ 가 구슬을 __3개__ 더 많이 가지고 있습니다.

64쪽   65쪽

문장제 실력쌓기 2

1

강당에 의자가 52개 있습니다. 그중에서 28개를 교실로 옮겼습니다. 강당에 남은 의자는 몇 개일까요?

풀이
(남은 의자 수)
= (강당에 있던 의자 수) (+ ⊖) (교실로 옮긴 의자 수)
= __52－28__
= __24__ (개)

답 __24개__

3

예준이는 전체 조각이 70개인 퍼즐을 맞추고 있는데 지금까지 퍼즐 조각을 56개 맞췄습니다. 퍼즐 조각을 몇 개 더 맞춰야 완성될까요?

풀이 (더 맞춰야 하는 퍼즐 조각 수)
= (전체 퍼즐 조각 수)
－(지금까지 맞춘 퍼즐 조각 수)
= 70－56
= 14(개)

답 __14개__

2

손하가 가지고 있는 칭찬 붙임딱지는 34장이고, 연우는 칭찬 붙임딱지를 손하보다 7장 더 적게 가지고 있습니다. 연우가 가지고 있는 칭찬 붙임딱지는 몇 장일까요?

풀이
(연우의 칭찬 붙임딱지 수)
= (손하의 칭찬 붙임딱지 수)－(더 적은 수)
= 34－7
= 27(장)

답 __27장__

4

장난감 가게에서 진열되어 있는 인형 96개 중에서 47개를 팔았습니다. 판 인형과 남은 인형 중에서 어느 쪽이 몇 개 더 많을까요?

풀이 ❶ 남은 인형은 몇 개인지 구하세요.
(남은 인형 수)
= (전체 인형 수)－(판 인형 수)
= 96－47=49(개)
❷ 판 인형과 남은 인형 중에서 어느 쪽이 몇 개 더 많은지 구하세요.
판 인형 수 47과 남은 인형 수 49의 크기를 비교하면
47 < 49이고 49－47=2(개)이므로
남은 인형이 2개 더 많습니다.

답 __남은 인형__ , __2개__

66쪽   67쪽

□를 사용한 식

대표문제 1

지호는 팽이 8개를 가지고 있습니다.
영서에게 몇 개를 더 받았더니 26개가 되었습니다.
영서에게 받은 팽이는 몇 개일까요?

문제읽고
❶ 구하는 것에 밑줄 치고, 주어진 것에 ○표 하세요.
❷ 문장을 ■를 사용한 식으로 만드세요.

팽이 8개를 가지고 있었는데 몇 개 더 받아서 26개가 되었습니다.
 8   ■   =26

→ 8 (⊕ −) ■ = 26

풀이쓰고
❸ 덧셈과 뺄셈의 관계를 이용하여 ■를 구하세요.
 8 + ■ = 26 → 26 (+ ⊖) 8 =■,■= 18

❹ 답을 쓰세요.
 영서에게 받은 팽이는 ___18개___ 입니다.

학부모더 OK 2

건우네 논에서 올해 수확한 쌀은 57자루입니다.
그중에서 몇 자루를 팔았더니 34자루가 남았습니다.
판 쌀은 몇 자루일까요?

문제읽고
❶ 구하는 것에 밑줄 치고, 주어진 것에 ○표 하세요.
❷ 문장을 ■를 사용한 식으로 만드세요.

쌀 57자루 중에서 몇 자루를 팔았더니 34자루가 남았습니다.
 57   ■   =34

→ 57 (+ ⊖) ■ = 34

풀이쓰고
❸ 덧셈과 뺄셈의 관계를 이용하여 ■를 구하세요.
 57 − ■ = 34   57 (+ ⊖) 34 =■,■= 23

❹ 답을 쓰세요.
 판 쌀은 ___23자루___ 입니다.

대표문제 3

쟁반에 밤이 놓여 있습니다.
윤주가 밤을 12개를 더 놓았더니 모두 31개가 되었습니다.
처음 쟁반에 놓여 있던 밤은 몇 개일까요?

문제읽고
❶ 구하는 것에 밑줄 치고, 주어진 것에 ○표 하세요.
❷ 문장을 ■를 사용한 식으로 만드세요.

쟁반에 놓여 있는 밤에 12개를 더 놓았더니 모두 31개가 되었습니다.
 ■   +12   =31

→ ■ (⊕ −) 12 = 31

풀이쓰고
❸ 덧셈과 뺄셈의 관계를 이용하여 ■를 구하세요.
 ■ + 12 = 31 → 31 (+ ⊖) 12 =■,■= 19

❹ 답을 쓰세요.
 처음 쟁반에 놓여 있던 밤은 ___19개___ 입니다.

학부모더 OK 4

어린이들이 놀이터에서 놀고 있습니다.
그중에서 9명이 집에 가고 15명이 남았습니다.
처음 놀이터에 있던 어린이는 몇 명일까요?

문제읽고
❶ 구하는 것에 밑줄 치고, 주어진 것에 ○표 하세요.
❷ 문장을 ■를 사용한 식으로 만드세요.

놀이터에서 놀고 있는 어린이 중에서 9명이 집에 가고 15명이 남았습니다.
 ■   −9   =15

→ ■ (+ ⊖) 9 = 15

풀이쓰고
❸ 덧셈과 뺄셈의 관계를 이용하여 ■를 구하세요.
 ■ − 9 = 15   15 (⊕ −) 9 =■,■= 24

❹ 답을 쓰세요.
 처음 놀이터에 있던 어린이는 ___24명___ 입니다.

문장제 실력쌓기 3

1 승철이는 어제 종이학 24개를 접었습니다. 오늘 종이학을 몇 개 더 접었더니 47개가 되었습니다. 오늘 접은 종이학은 몇 개일까요?

풀이 ___오늘___ 접은 종이학을 □개로 하여 덧셈식을 쓰면
 24 + □ = 47

덧셈과 뺄셈의 관계를 이용하면
 47 − 24 =□,□= 23

문제읽기 CHECK
☐ 구하는 것에 밑줄,
 주어진 것에 ○표!
☐ 어제 접은 종이학은?   24 개
☐ 어제와 오늘 접은 전체 종이학은?   47 개

답 23개

2 꽃병에 꽃이 30송이 꽂혀 있었습니다. 그중에서 몇 송이를 빼냈더니 16송이가 남았습니다. 꽃을 몇 송이 빼냈을까요?

풀이 ❶ 꽃병에서 빼낸 꽃을 □송이로 하여 뺄셈식을 쓰세요.
 30 − □ = 16

❷ 꽃을 몇 송이 빼냈는지 구하세요.
 30 − □ = 16
 → 30 − 16 =□,□= 14

문제읽기 CHECK
☐ 구하는 것에 밑줄,
 주어진 것에 ○표!
☐ 전체 꽃은?   30 송이
☐ 남은 꽃은?   16 송이

답 14송이

3 어떤 수와 9의 합은 51입니다. 어떤 수는 얼마일까요?

풀이 ❶ 어떤 수를 □로 하여 덧셈식을 쓰세요.
 □ + 9 = 51

❷ 어떤 수는 얼마인지 구하세요.
 □ + 9 = 51
 → 51 − 9 =□,□= 42

문제읽기 CHECK
☐ 구하는 것에 밑줄,
 주어진 것에 ○표!
☐ 어떤 수에 더한 수는?   9
☐ 어떤 수와 9의 합은?   51

답 42

4 상자 안에 공이 들어 있습니다. 지안이가 공 7개를 빼냈더니 상자 안에 공이 65개 남았습니다. 처음 상자 안에 들어 있던 공은 몇 개일까요?

풀이 ❶ 처음 상자 안에 들어 있던 공을 □개로 하여 뺄셈식을 쓰세요.
 □ − 7 = 65

❷ 처음 상자 안에 들어 있던 공은 몇 개인지 구하세요.
 □ − 7 = 65
 → 65 + 7 =□,□= 72

문제읽기 CHECK
☐ 구하는 것에 밑줄,
 주어진 것에 ○표!
☐ 빼낸 공은?   7 개
☐ 남은 공은?   65 개

답 72개

16 DAY 세 수의 계산

대표문제 1

윤지네 모둠 친구들이 주황색 풍선 25개, 보라색 풍선 6개,
노란색 풍선 32개를 붙여서 교실을 꾸몄습니다.
교실을 꾸민 풍선은 모두 몇 개일까요?

문제읽고 ❶ 구하는 것에 밑줄 치고, 주어진 것에 ○표 하세요.

풀이쓰고 ❷ 식을 쓰세요.

(풍선 수) = 25 (+ -) 6 (+ -) 32 = **63** (개)
　　　　　　　　┗ **31** ┛
　　　　　　　　　　┗ **63** ┛

❸ 답을 쓰세요.
교실을 꾸민 풍선은 모두 ___**63개**___ 입니다.

한번더 OK 2

의찬이는 연필 60자루 중에서
11자루를 사용하고 8자루를 친구에게 선물로 주었습니다.
남은 연필은 몇 자루일까요?

문제읽고 ❶ 구하는 것에 밑줄 치고, 주어진 것에 ○표 하세요.

풀이쓰고 ❷ 식을 쓰세요.

(남은 연필 수) = **60** (+ -) 11 (+ -) 8 = **41** (자루)
　　　　　　　　　┗ **49** ┛
　　　　　　　　　　┗ **41** ┛

❸ 답을 쓰세요.
남은 연필은 ___**41자루**___ 입니다.

대표문제 3

냉장고에 달걀이 17개 있었습니다.
어머니께서 달걀 15개를 더 사 오시고 9개를 사용했습니다.
지금 냉장고에는 달걀이 몇 개 있을까요?

문제읽고 ❶ 구하는 것에 밑줄 치고, 주어진 것에 ○표 하세요.

풀이쓰고 ❷ 식을 쓰세요.
(지금 냉장고에 있는 달걀 수)
= 17 (+ -) **15** (+ -) **9** = **23** (개)
　　┗ **32** ┛
　　　┗ **23** ┛

❸ 답을 쓰세요.
지금 냉장고에는 달걀이 ___**23개**___ 있습니다.

한번더 OK 4

주차장에 자동차가 95대 있었습니다.
그중에서 47대가 빠져 나가고 14대가 새로 들어왔습니다.
지금 주차장에는 자동차가 몇 대 있을까요?

문제읽고 ❶ 구하는 것에 밑줄 치고, 주어진 것에 ○표 하세요.

풀이쓰고 ❷ 식을 쓰세요.
(지금 주차장에 있는 자동차 수)
= **95** (+ -) **47** (+ -) 14 = **62** (대)
　　┗ **48** ┛
　　　┗ **62** ┛

❸ 답을 쓰세요.
지금 주차장에는 자동차가 ___**62대**___ 있습니다.

문장제 실력쌓기 4

1 아버지의 나이는 41살, 어머니의 나이는 37살, 소진이의 나이는 9살입니다. 세 사람의 나이의 합은 몇 살일까요?

문제읽기 CHECK
☐ 구하는 것에 밑줄,
　주어진 것에 ○표!
☐ 나이는?
　아버지 **41** 살
　어머니 **37** 살
　소진 **9** 살

풀이 (세 사람의 나이의 합)
= (아버지 나이) + (**어머니** 나이) + (소진이 나이)
= **41 + 37 + 9**
= **87** (살)

참고 $41 + 37 + 9 = 87$
　　　┗ 78 ┛
　　　　┗ 87 ┛

답 ___**87살**___

2 재율이는 딱지 23장을 가지고 있었습니다. 딱지 7장을 새로 만들고, 동생에게 15장을 주었습니다. 지금 재율이가 가지고 있는 딱지는 몇 장일까요?

문제읽기 CHECK
☐ 구하는 것에 밑줄,
　주어진 것에 ○표!
☐ 처음 가지고 있던 딱지
　는? **23** 장
☐ 새로 만든 딱지는?
　 7 장
☐ 동생에게 준 딱지는?
　 15 장

풀이 (지금 가지고 있는 딱지 수)
= (처음 딱지 수)
　+ (새로 만든 딱지 수)
　- (동생에게 준 딱지 수)
= 23 + 7 - 15
= 30 - 15
= 15 (장)

답 ___**15장**___

3 편의점 진열대에 음료수가 33병 진열되어 있었습니다. 그중에서 8병이 팔리고, 5병을 더 채워 넣었습니다. 지금 음료수는 몇 병 진열되어 있을까요?

문제읽기 CHECK
☐ 구하는 것에 밑줄,
　주어진 것에 ○표!
☐ 처음 진열되어 있던 음
　료수는? **33** 병
☐ 팔린 음료수는?
　 8 병
☐ 더 채워 넣은 음료수는?
　 5 병

풀이 (지금 진열되어 있는 음료수의 수)
= (처음 진열되어 있던 음료수의 수)
　- (팔린 음료수의 수)
　+ (더 채워 넣은 음료수의 수)
= 33 - 8 + 5
= 25 + 5
= 30 (병)

답 ___**30병**___

4 경준이는 91쪽짜리 동화책을 어제까지 34쪽 읽고, 오늘 27쪽 읽었습니다. 이 동화책을 끝까지 읽으려면 몇 쪽을 더 읽어야 할까요?

문제읽기 CHECK
☐ 구하는 것에 밑줄,
　주어진 것에 ○표!
☐ 전체 쪽수는?
　 91 쪽
☐ 읽은 쪽수는?
　어제까지 **34** 쪽
　오늘 **27** 쪽

풀이 (더 읽어야 하는 쪽수)
= (동화책 전체 쪽수)
　- (어제까지 읽은 쪽수) - (오늘 읽은 쪽수)
= 91 - 34 - 27
= 57 - 27
= 30 (쪽)

답 ___**30쪽**___

1 풀이 ❶ (오늘 한 줄넘기 수)=(어제 한 줄넘기 수)+19
          =73+19
    ❷ =92(번)

답 **92번**

채점기준

❶ 식을 세우면	3점
❷ 진주가 오늘 한 줄넘기의 수를 구하면	2점
	5점

2 풀이 ❶ (따지 않은 포도 수)=(열린 포도 수)−(딴 포도 수)
          =95−38
    ❷ =57(송이)

답 **57송이**

채점기준

❶ 식을 세우면	3점
❷ 따지 않은 포도의 수를 구하면	2점
	5점

3 풀이 ❶ (라면의 수)=(유산균 음료수의 수)−17
          =32−17
    ❷ =15(개)

답 **15개**

채점기준

❶ 식을 세우면	3점
❷ 사 온 라면의 수를 구하면	2점
	5점

주의 '어느 것'이 '더 많은지' 또는 '더 적은지' 주의 깊게 문제를 읽어야 합니다.

4 풀이 ❶ (동전 수)
          =(500원짜리 동전 수)+(100원짜리 동전 수)
           +(10원짜리 동전 수)
          =16+23+8
    ❷ =39+8=47(개)

답 **47개**

채점기준

❶ 식을 세우면	3점
❷ 저금통에 들어 있는 동전의 수를 구하면	3점
	6점

5 풀이 ❶ (꽃의 수)
          =(처음 피어 있던 꽃의 수)
           −(떨어진 꽃의 수)+(새로 핀 꽃의 수)
          =40−12+5
    ❷ =28+5=33(송이)

답 **33송이**

채점기준

❶ 식을 세우면	3점
❷ 지금 화단에 피어 있는 꽃의 수를 구하면	3점
	6점

참고 세 수의 계산은 앞에서부터 두 수씩 차례대로 계산합니다.

6 풀이 ❶ 이번 층에서 탄 사람을 □명이라 하면
          9+□=16입니다.
    ❷ 9+□=16 → 16−9=□, □=7
    ❸ 따라서 이번 층에서 탄 사람은 7명입니다.

답 **7명**

채점기준

❶ □를 사용하여 식을 만들면	3점
❷ □에 알맞은 수를 구하면	3점
❸ 이번 층에서 탄 사람의 수를 구하면	1점
	7점

참고 □를 사용하지 않아도 문제를 풀 수 있지만 학년이 올라가서 배우는 방정식과 관련이 많으므로 □를 사용하여 식을 만드는 습관을 기르도록 합니다.

76쪽

77쪽

7 풀이 ❶ 어떤 수를 □라 하면 □−37＝54입니다.
　　 ❷ □−37＝54 → 54＋37＝□, □＝91

답 **91**

채점기준

❶ □를 사용하여 식을 세우면 ⚬	3점
❷ 어떤 수를 구하면 ⚬	4점
	7점

8 풀이 ❶ (딸기의 수)＋(멜론의 수)＝45＋13＝58(개)
　　 ❷ (토마토의 수)＝(딸기와 멜론 수의 합)−29
　　　　　　　＝58−29＝29(개)

답 **29개**

채점기준

❶ 딸기와 멜론 수의 합을 구하면 ⚬	3점
❷ 토마토의 수를 구하면 ⚬	4점
	7점

정답

쉬어가기

자동차 모여라

다른 부분 6군데를 찾아 ○표 해 주세요.

달리기 경주를 앞두고, 친구들이 한 곳에 모여 있어요.
과연 오늘의 승자는 누구일까요?
두 그림에서 서로 다른 부분 6군데를 찾아 주세요.

79쪽

수고하셨습니다.
다음 단원으로
넘어갈까요?

4. 곱셈

서술형 문제의 풀이, 이렇게 쓰면 만점!
그런데 너희가 쓴 풀이와 조금 다르다고?
또, 제시된 풀이와 다른 방법으로 풀었다고?
괜찮아. 중요한 설명이 모두 맞았다면 OK!

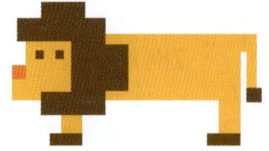

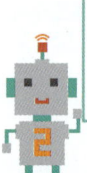

18 DAY 개념 확인하기

월 일

하나씩 세기

1 연필은 모두 몇 자루인지 하나씩 세어 보세요.

16자루

묶어 세기

2 귤은 모두 몇 개인지 2가지 방법으로 묶어 세어 보세요.

(1) 4씩 묶어 세기
4 – 8 – 12
→ 12개

(2) 3씩 묶어 세기
3 – 6 – 9 – 12
→ 12개

뛰어 세기

3 개구리는 모두 몇 마리인지 2씩 뛰어서 세어 보세요.

2 – 4 – 6 – 8 – 10

→ 10마리

몇의 몇 배

4 그림을 보고 빈 곳에 알맞은 수를 써넣으세요.

6씩 4 묶음 → 6의 4 배
→ 6+ 6 + 6 + 6 = 24

곱셈식 알아보기

5 사탕의 수를 덧셈식과 곱셈식으로 나타내세요.

덧셈식 ⇨ 3+3+3+ 3 + 3 + 3 + 3
= 21

곱셈식 ⇨ 3 × 7 = 21

곱셈식으로 나타내기

6 곱셈식으로 나타내세요.

(1) 5씩 6묶음은 30입니다. → 5 × 6 = 30

(2) 7의 9배는 63입니다. → 7 × 9 = 63

82쪽 83쪽

묶어 세기, 뛰어 세기

대표 문제 1

우유는 모두 몇 개인지 4씩 묶어 세어 보세요.

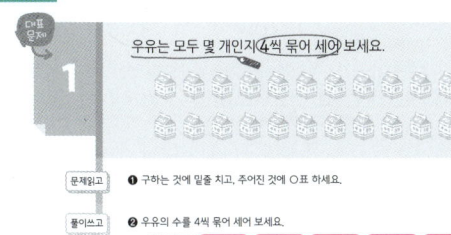

문제읽고 ❶ 구하는 것에 밑줄 치고, 주어진 것에 ○표 하세요.

풀이하고 ❷ 우유의 수를 4씩 묶어 세어 보세요.

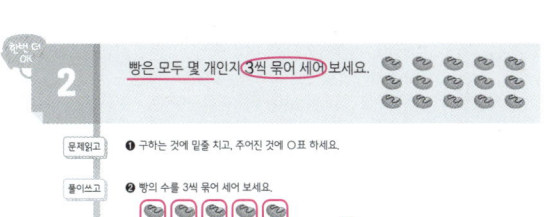

4씩 __6__ 묶음입니다.

→ 4-8- __12__ - __16__ - __20__ - __24__

❸ 답을 쓰세요.　우유는 모두 __24개__ 입니다.

한번 더 OK 2

빵은 모두 몇 개인지 3씩 묶어 세어 보세요.

문제읽고 ❶ 구하는 것에 밑줄 치고, 주어진 것에 ○표 하세요.

풀이하고 ❷ 빵의 수를 3씩 묶어 세어 보세요.

3씩 __5__ 묶음입니다.

→ 3- __6__ - __9__ - __12__ - __15__

❸ 답을 쓰세요.　빵은 모두 __15개__ 입니다.

대표 문제 3

토끼가 5씩 4번 뛰었습니다.
토끼가 도착한 곳에 쓰여 있는 수는 몇일까요?

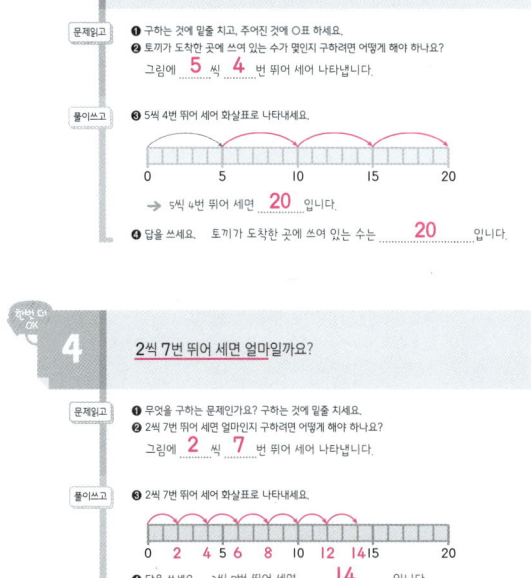

문제읽고 ❶ 구하는 것에 밑줄 치고, 주어진 것에 ○표 하세요.
❷ 토끼가 도착한 곳에 쓰여 있는 수가 몇인지 구하려면 어떻게 해야 하나요?
　그림에 __5__ 씩 __4__ 번 뛰어 세어 나타냅니다.

풀이쓰고 ❸ 5씩 4번 뛰어 세어 화살표로 나타내세요.

→ 5씩 4번 뛰어 세면 __20__ 입니다.

❹ 답을 쓰세요.　토끼가 도착한 곳에 쓰여 있는 수는 __20__ 입니다.

한번 더 OK 4

2씩 7번 뛰어 세면 얼마일까요?

문제읽고 ❶ 무엇을 구하는 문제인가요? 구하는 것에 밑줄 치세요.
❷ 2씩 7번 뛰어 세면 얼마인지 구하려면 어떻게 해야 하나요?
　그림에 __2__ 씩 __7__ 번 뛰어 세어 나타냅니다.

풀이쓰고 ❸ 2씩 7번 뛰어 세어 화살표로 나타내세요.

❹ 답을 쓰세요.　2씩 7번 뛰어 세면 __14__ 입니다.

문장제 실력쌓기 1

1 초콜릿은 모두 몇 개인지 6씩 묶어 세어 보세요.

문제읽기 CHECK
☐ 구하는 것에 밑줄, 주어진 것에 ○표!
☐ 초콜릿을 세는 방법은? __6__ 씩 묶어 세기

풀이 초콜릿의 수를 6씩 묶어 나타내면

예

6씩 __3__ 묶음입니다.

→ 6- __12__ - __18__ 이므로

초콜릿은 모두 __18__ 개입니다.

답 __18개__

2 연정이네 반 학생들을 한 모둠에 4명씩 짝을 지어 모둠을 만들었습니다. 연정이네 반 학생은 몇 모둠이 되고, 모두 몇 명일까요?

문제읽기 CHECK
☐ 구하는 것에 밑줄, 주어진 것에 ○표!
☐ 한 모둠에 학생은? __4__ 명씩

❶ 예

풀이 ❶ 위의 그림에 학생 수를 4씩 묶어 나타내요. 몇 모둠이 되나요?
4씩 묶어 보면 5묶음이므로 5모둠이 됩니다.

❷ 연정이네 반 학생은 모두 몇 명인지 구하세요.
4-8-12-16-20이므로 학생은 모두 20명입니다.

답 __5모둠__ , __20명__

3 3씩 4번 뛰어 세면 얼마일까요?

문제읽기 CHECK
☐ 구하는 것에 밑줄!
☐ 뛰어 세는 방법은? __3__ 씩 __4__ 번 뛰어 센다.

풀이 ❶ 3씩 4번 뛰어 세어 화살표로 나타내세요.

❷ 3씩 4번 뛰어 세면 얼마인지 구하세요.
3씩 4번 뛰어 세면 12입니다.

답 __12__

4 야구공은 모두 몇 개인지 2가지 방법으로 묶어 세어 보세요.

문제읽기 CHECK
☐ 구하는 것에 밑줄!
☐ 야구공은? 8개씩 __2__ 줄

풀이 ❶ 야구공의 수를 묶어 세어 보세요.

야구공을 8씩 묶어 세면 2묶음입니다.
→ 8-16이므로 야구공은 16개입니다.

❷ ❶과 다른 방법으로 야구공의 수를 묶어 세어 보세요.

예

야구공을 4씩 묶어 세면 4묶음입니다.
→ 4-8-12-16이므로
야구공은 16개입니다. 답 __16개__

1 한 묶음에 ⑧개씩 들어 있는 참외가 ③묶음 있습니다.
참외는 모두 몇 개인지 덧셈식과 곱셈식으로 나타내어 구하세요.

문제읽고
❶ 무엇을 구하는 문제인가요? 구하는 것에 밑줄 치세요.
❷ 주어진 것은 무엇인가요? ○표 하고 답하세요.
참외 : **8** 개씩 **3** 묶음 → **8** 의 **3** 배

풀이쓰고
❸ 참외의 수를 덧셈식과 곱셈식으로 나타내세요.
[덧셈식] 8 + **8** + **8** = **24**
[곱셈식] **8** × **3** = **24**
❹ 답을 쓰세요. 참외는 모두 **24개** 입니다.

---

2 운동장에 두발자전거 ⑦대가 세워져 있습니다.
운동장에 세워져 있는 두발자전거의 바퀴는 모두 몇 개인지
덧셈식과 곱셈식으로 나타내어 구하세요.

문제읽고
❶ 무엇을 구하는 문제인가요? 구하는 것에 밑줄 치세요.
❷ 주어진 것은 무엇인가요? ○표 하고 답하세요.
바퀴 2개씩 **7** 대 → **2** 의 **7** 배

풀이쓰고
❸ 두발자전거의 바퀴 수를 덧셈식과 곱셈식으로 나타내세요.
[덧셈식] 2 + **2** + **2** + **2** + **2** + **2** + **2** = **14**
[곱셈식] **2** × **7** = **14**
❹ 답을 쓰세요. 두발자전거의 바퀴는 모두 **14개** 입니다.

88쪽

3 성빈이는 구슬 ③개를 가지고 있고,
설희는 성빈이가 가지고 있는 구슬의 ⑤배를 가지고 있습니다.
설희는 구슬을 몇 개 가지고 있는지
덧셈식과 곱셈식으로 나타내어 구하세요.

문제읽고
❶ 무엇을 구하는 문제인가요? 구하는 것에 밑줄 치세요.
❷ 주어진 것은 무엇인가요? ○표 하고 답하세요.
성빈 : **3** 개, 설희 : 성빈이의 **5** 배 → **3** 의 **5** 배

풀이쓰고
❸ 설희의 구슬 수를 덧셈식과 곱셈식으로 나타내세요.
[덧셈식] **3** + **3** + **3** + **3** + **3** = **15**
[곱셈식] **3** × **5** = **15**
❹ 답을 쓰세요. 설희는 구슬을 **15개** 가지고 있습니다.

---

4 책상 위에 지우개와 자가 놓여 있습니다.
지우개가 ⑤개 있고, 자는 지우개의 ④배만큼 있습니다.
자는 모두 몇 개인지 덧셈식과 곱셈식으로 나타내어 구하세요.

문제읽고
❶ 무엇을 구하는 문제인가요? 구하는 것에 밑줄 치세요.
❷ 주어진 것은 무엇인가요? ○표 하고 답하세요.
지우개 : **5** 개, 자 : 지우개의 **4** 배 → **5** 의 **4** 배

풀이쓰고
❸ 자의 수를 덧셈식과 곱셈식으로 나타내세요.
[덧셈식] **5** + **5** + **5** + **5** = **20**
[곱셈식] **5** × **4** = **20**
❹ 답을 쓰세요. 자는 모두 **20개** 입니다.

89쪽

문장제 실력쌓기 2

1 풍선을 ⑥명의 어린이에게 ⑥개씩 나누어 주었습니다. 풍선은
모두 몇 개인지 덧셈식과 곱셈식으로 나타내어 구하세요.

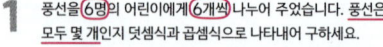

문제읽기 CHECK
☐ 구하는 것에 밑줄,
   주어진 것에 ○표!
☐ 나누어 준 풍선?
   6 명에게 **6** 개씩

풀이 풍선의 수는 6의 **6** 배입니다.
[덧셈식] **6+6+6+6+6+6**
= **36** (개)
[곱셈식] **6×6**
= **36** (개)

답 **36개**

---

2 은빈이는 스케치북에 ♥ 모양과 ★ 모양을 그렸습니다. ♥ 모
양을 ⑦개를 그리고, ★ 모양은 ♥ 모양 수의 ②배만큼 그렸습
니다. ★ 모양은 몇 개 그렸는지 덧셈식과 곱셈식으로 나타내
어 구하세요.

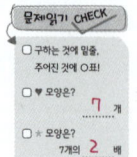

문제읽기 CHECK
☐ 구하는 것에 밑줄,
   주어진 것에 ○표!
☐ ♥ 모양은?
   7 개
☐ ★ 모양은?
   7개의 **2** 배

풀이 ★ 모양의 수는 7의 2배입니다.
[덧셈식] 7 + 7 = 14(개)
[곱셈식] 7 × 2 = 14(개)

답 **14개**

90쪽

---

3 영진이는 색종이로 네 잎 클로버 ⑧개를 만들었습니다. 잎은
모두 몇 장인지 덧셈식과 곱셈식으로 나타내어 구하세요.

문제읽기 CHECK
☐ 구하는 것에 밑줄,
   주어진 것에 ○표!
☐ 네 잎 클로버 1개는?
   잎이 **4** 장
☐ 만든 네 잎 클로버?
   8 개

풀이 잎의 수는 4의 8배입니다.
[덧셈식] 4+4+4+4+4+4+4+4
=32(장)
[곱셈식] 4×8=32(장)

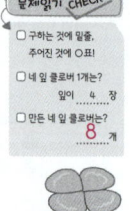

답 **32장**

---

4 희찬이는 ⑨살이고 아버지 나이는 희찬이 나이의 ⑤배입니다.
희찬이 아버지의 나이는 몇 살인지 덧셈식과 곱셈식으로 나타
내어 구하세요.

문제읽기 CHECK
☐ 구하는 것에 밑줄,
   주어진 것에 ○표!
☐ 희찬이는? **9** 살
☐ 아버지는?
   9살의 **5** 배

풀이 희찬이 아버지의 나이는 9의 5배입니다.
[덧셈식] 9+9+9+9+9=45(살)
[곱셈식] 9×5=45(살)

답 **45살**

91쪽

21 DAY 문장제 서술형 평가

1 풀이 ❶ 예

젤리의 수를 6씩 묶으면 5묶음입니다.
❷ 6 — 12 — 18 — 24 — 30이므로
젤리는 모두 30개입니다.

답 5묶음, 30개

채점기준

❶ 젤리의 수를 6씩 묶고, 묶음 수를 구하면	2점
❷ 묶어 세기를 이용하여 젤리의 수를 구하면	3점
	5점

2 풀이 ❶

0 5 9 10 15 18 20

❷ 9씩 2번 뛰어 세면 18입니다.

답 18

채점기준

❶ 그림에 9씩 2번 뛰어 화살표로 나타내면	2점
❷ 9씩 2번 뛰어 센 수를 구하면	3점
	5점

3 풀이 ❶ 단호박의 수는 4입니다.
❷ 가지의 수는 4씩 4묶음이므로 4의 4배입니다.

답 4배

채점기준

❶ 단호박의 수를 알면	1점
❷ 가지의 수는 단호박의 수의 몇 배인지 구하면	4점
	5점

주의 가지의 수를 답으로 쓰지 않도록 주의합니다.

4 풀이 ❶ 초의 수는 7의 6배입니다.
❷ [덧셈식] 7+7+7+7+7+7=42(개)
[곱셈식] 7×6=42(개)

답 42개

채점기준

❶ 초의 수는 몇의 몇 배인지 구하면	2점
❷ 초의 수를 덧셈식, 곱셈식으로 나타내어 구하면	각 2점
	6점

5 풀이 ❶ 줄다리기를 하는 사람의 수는 8의 7배입니다.
❷ [덧셈식] 8+8+8+8+8+8+8=56(명)
[곱셈식] 8×7=56(명)

답 56명

채점기준

❶ 줄다리기를 하는 사람의 수는 몇의 몇 배인지 구하면	2점
❷ 줄다리기를 하는 사람의 수를 덧셈식, 곱셈식으로 나타내어 구하면	각 2점
	6점

6 풀이 ❶ 윤영이의 점수는 5의 8배입니다.
❷ [덧셈식] 5+5+5+5+5+5+5+5=40(점)
[곱셈식] 5×8=40(점)

답 40점

채점기준

❶ 윤영이의 점수는 몇의 몇 배인지 구하면	2점
❷ 윤영이의 점수를 덧셈식, 곱셈식으로 나타내어 구하면	각 2점
	6점

92쪽   93쪽

7 풀이 ❶ 8씩 묶어 세면
8－16－24－32－40－48입니다.
❷ 8씩 6묶음이 48이므로
페트병 48개를 6묶음까지 만들 수 있습니다.

답 **6묶음**

채점기준

❶ 8씩 묶어 세면	⚬	4점
❷ 페트병의 묶음 수를 구하면	⚬	3점
		7점

8 풀이 ❶ 동진 : 7의 5배
→ 7＋7＋7＋7＋7＝35(장)
❷ 현정 : 4의 9배
→ 4＋4＋4＋4＋4＋4＋4＋4＋4＝36(장)
❸ 35＜36이므로
현정이가 색종이를 36－35＝1(장) 더 많이
가지고 있습니다.

답 **현정, 1장**

채점기준

❶ 동진이가 가지고 있는 색종이의 수를 구하면	⚬	3점
❷ 현정이가 가지고 있는 색종이의 수를 구하면	⚬	3점
❸ 누가 색종이를 몇 장 더 많이 가지고 있는지 구하면	⚬	2점
		8점

참고 두 수의 차는 큰 수에서 작은 수를 뺍니다.

쉬어가기

쌍둥이 펭귄을 찾아 주세요

똑같은 펭귄 두 마리를 찾아 ○표 해 주세요.

펭귄 친구들이 9마리 있어요.
이 중에 똑같이 생긴 쌍둥이 펭귄 두 마리가 있대요.
누가누가 똑같은지 두 눈을 크게 뜨고 찾아보세요.

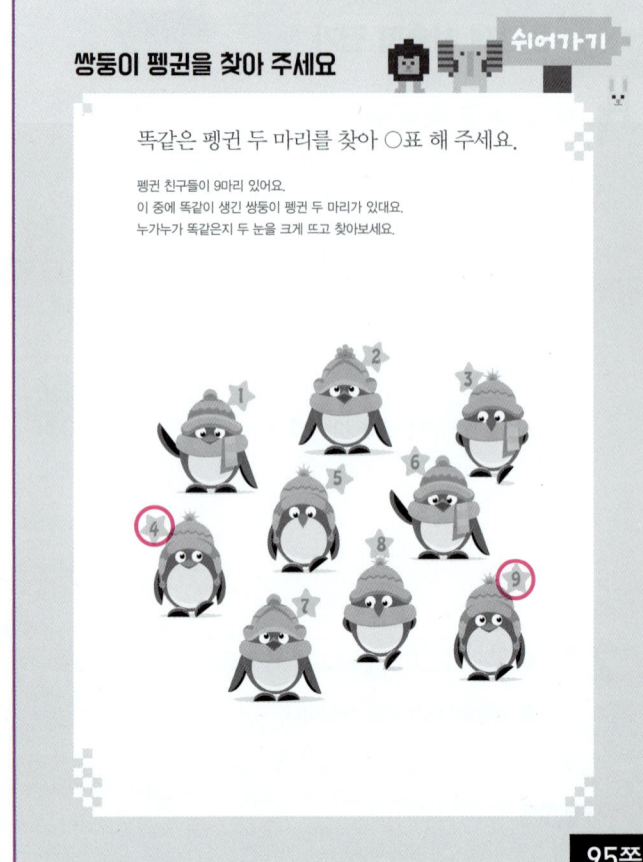

95쪽

수고하셨습니다.
4권으로
올라갈까요?

94쪽

기적의 수학 문장제

길벗스쿨